世界遺産検定 1·2級
公式過去問題集

Exercises for Test of World Heritage Study, 180 Questions and 10 sample tests for Grade 1 and Grade 2

[2024年度版]

― 目 次 ―

は じ め に

　世界遺産とは、現代に生きる私たちが過去から受け継ぎ、そして次の世代に引き継いでいく、文化と自然の両面における人類共通の宝です。2024年3月時点で1,199件が登録されている世界遺産は、それぞれが個性溢れる、特筆すべき価値をもっています。

　この価値は、その遺産がある国や地域の住民だけのものではなく、地球上のすべての人々が共有する、普遍的な財産です。このかけがえのない価値を未来へつないでいくためには、私たち一人ひとりが、それぞれの遺産の価値をよく学び、知り、理解することが大切です。

　世界遺産について学ぶということは、単に遺産の細部の情報に詳しくなることではありません。地理的条件や歴史的背景、建築様式や関連人物からわかる文化的潮流、また地球生成の過程や生態系など、幅広い観点から、大きな枠組みで価値を捉えていく、知的作業なのです。

　本書が読者の皆さんにとって、世界遺産を通じて世界をより広い視野で見るための、ひとつの道具として役立つことを願っております。

NPO法人　世界遺産アカデミー　／　世界遺産検定事務局

世 界 遺 産 検 定 の 各 級 概 要

解答形式は4～1級が選択式の四肢択一、マイスターのみ論述です。

級	受検資格	合格基準*1	問題数	試験時間	基礎知識	日本の遺産	自然遺産	文化遺産	その他
							世界の遺産		
4級	どなたでも受検できます	100点満点中60点以上	50問	50分	13問	23問	13問		1問
3級	どなたでも受検できます	100点満点中60点以上	60問	50分	25%	30%	10%	30%	5%
2級	どなたでも受検できます	100点満点中60点以上	60問	60分	20%	25%	10%	35%	10%
準1級	2級認定者の方	100点満点中60点以上	60問	60分	15%	25%	50%		10%
1級	2級認定者の方	200点満点中140点以上	90問	90分	25%	20%	45%		10%
マイスター	1級認定者の方	20点満点中12点以上*2	3題	120分	分野を横断する総合的な出題です				

（表見出し：問題数または配点比率　世界の遺産＝自然遺産・文化遺産）

*1：合格基準は調整される場合があります。
*2：12点に達していても、問1、2で6点、問3で6点にそれぞれ達していなければ、合格基準を満たしていないものとする。

本 書 の 使 い 方

　本書は、世界遺産検定1級問題（2023年7月、12月実施）と2級問題（2023年3月、7月、12月実施）を、過去問題として掲載しています。

● それぞれの回ごとに認定率と講評を記載していますので、参考にしてください。統計データには準会場受検者の分は含まれていません。CBT試験受検者は含まれません。

● 解答はp095以降にまとめてありますので、実際に問題を解いて、傾向と難易度をつかんでください。各問の正答率も解答とともに記載してあります。

● 1級、2級の例題が10問ずつp101以降に掲載されています。解説付きですので、こちらも参考にしてください。

● 本書における世界遺産の名称や国名などの固有名詞は、1級については『すべてがわかる世界遺産大事典〈上〉〈下〉』（NPO法人　世界遺産アカデミー、2020年3月発行）、2級については『くわしく学ぶ世界遺産300〈第5版〉　世界遺産検定2級公式テキスト』（NPO法人　世界遺産アカデミー、2023年3月発行）に準拠しています。

世 界 遺 産 検 定 の 学 習 方 法

世 界 遺 産 検 定 ❶ 級

● 世界遺産条約の理念や諸概念、関係機関について理解し、世界の全遺産の普遍的価値を学びます。すべての世界遺産（2024年3月時点1,199件）が出題対象となります。

● 『すべてがわかる世界遺産大事典 世界遺産検定1級公式テキスト〈第2版〉』（2020年3月発行）には、2020年3月時点で登録されている1,121件が紹介されています。遺産名の変更などについては、せかけんHPなどでご確認ください。登録基準や遺産同士の横のつながりを意識することが重要です。世界遺産委員会の結果も出題される可能性があります。

世 界 遺 産 検 定 ❷ 級

● 世界遺産条約の理念や関係機関について理解し、各地域を代表する世界遺産の多様性を学びます。日本の全遺産（2024年3月時点25件）と世界の代表的な遺産300件が出題対象となります。

● 「文化的景観」や「地球の歴史」のようなテーマごとに特徴をつかんで学習することが重要です。また日本の遺産については、登録基準も覚えるようにしてください。世界遺産委員会の結果や、審議される日本の推薦物件も出題される可能性があります。

世界遺産及び検定試験に関する最新情報については、以下のホームページで随時更新してまいります。

せかけんHP　https://www.sekaken.jp/

過去問題

1級

認定率・講評

〈 集計データ 〉

最高点	最低点	平均点	認定点	受検者数	認定者数	認定率
192点	42点	122.4点	140点	658人	190人	28.9%

〈 得点分布図 〉

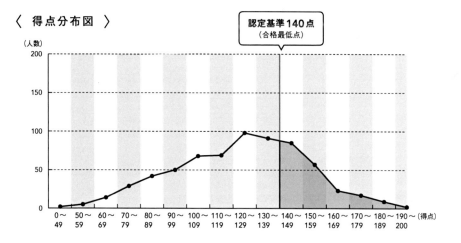

認定基準140点
（合格最低点）

（人数）

（得点）

— 講 評 —

平均点が122.4点、認定率が28.9％となり前回（2022年12月検定）よりは落ちたものの、ほぼ例年通りの数値となりました。登録基準（ⅰ）の内容を尋ねる問題や、法隆寺の雲形組物について聞く問題などは正答率が9割以上と高く、よく学習されていました。一方、最も正答率が低かったのが『キリグア遺跡公園』を3つの文章から推測する問題や、2003年にTICCIH（国際産業遺産保存委員会）で憲章が採択される以前に登録された産業遺産を尋ねる問題で、ともに正答率は1割台となりました。マヤ文明の都市遺跡は複数登録されていますので、しっかりと内容を区別して勉強することが必要です。産業遺産は注目分野ですので学びを深めましょう。

▶ 世界遺産条約に関する次の文章を読んで、以下の問いに答えなさい。

1972年の(a)第17回ユネスコ総会にて採択された(b)世界遺産条約は、8章38条で構成される。(3)が最初に条約を批准した後、締約国数が(4)に達した1975年12月17日に発効した。1978年には(c)世界で最初の世界遺産12件が誕生し、そのうち(d)ヨーロッパの遺産は(7)%であった。また、1979年には世界最初の危機遺産として『(8)』が登録された。

・下線部(a)「第17回ユネスコ総会」の説明として、正しいものはどれか。　　　　〈3点〉

[1] ① 日本政府代表の森有礼が議長を務めた
　　　② 世界遺産条約に関して、世界遺産基金への支払いを義務とするかどうかで意見が分かれた
　　　③ 「世界遺産条約履行のための作業指針」も同時に採択された
　　　④ 日本の迎賓館赤坂離宮で各国の大使を招いて開催された

・下線部(b)「世界遺産条約」の説明として、正しいものはどれか。　　　　〈3点〉

[2] ① 遺産保護の第一義的な責任はユネスコにあると明記されている
　　　② 世界遺産基金の設立と各国の拠出金額が定められている
　　　③ 世界遺産委員会による立法・行政措置の行使が認められている
　　　④ 締約国は定められた期間内の活動報告を世界遺産委員会に通知することが求められている

・文中の空欄(3)に当てはまる国名として、正しいものはどれか。　　　　〈2点〉

[3] ① アメリカ合衆国　　　② フランス共和国
　　　③ カナダ　　　　　　　④ ポーランド共和国

・文中の空欄(4)に当てはまる語句として、正しいものはどれか。　　　　〈2点〉

[4] ① 15ヵ国　　　② 20ヵ国　　　③ 25ヵ国　　　④ 30ヵ国

・下線部(c)「世界で最初の世界遺産12件」に含まれる遺産として、正しくないものはどれか。〈2点〉

[5] ① キトの市街　　　　　② シミエン国立公園
　　　③ プエブラの歴史地区　④ ナハニ国立公園

・下線部(d)「ヨーロッパ」に関し、ヨーロッパの世界遺産の説明として、正しいものはどれか。
　　　　〈2点〉

[6] ① 世界遺産保有数の多い国トップ10のうち、ヨーロッパの国が8割を占める
　　　② 複合遺産が3件しか登録されていない
　　　③ 『パパハナウモクアケア』などヨーロッパ地域以外に位置する遺産も含まれる
　　　④ 10ヵ国以上にまたがるトランスバウンダリー・サイトが2件ある

・文中の空欄（ 7 ）に当てはまる数値として、正しいものはどれか。　　　　　　　　〈2点〉

[7]　①15　　　②20　　　③25　　　④30

・文中の空欄（ 8 ）に当てはまる、次の3つの説明文から推測される世界遺産として、正しいものはどれか。　　　　　　　　　　　　　　　　　　　　　　　　　　　　　　　　　　　〈3点〉

　　　── モンテネグロの世界遺産である
　　　── 前方は深い入り江で、背後には標高約1,800mのロヴツェン山がある
　　　── スラヴ諸国で最初の航海士学校が設立された
[8]　① コトルの文化歴史地域と自然
　　　② ノヴゴロドと周辺の歴史的建造物群
　　　③ ベラトとギロカストラの歴史地区
　　　④ アゾレス諸島の港町アングラ・ド・エロイズモ

▶ 2023年は、1993年に日本の世界遺産が初めて誕生してから30周年の節目に当たる。関連する以下の問いに答えなさい。

・1993年に登録された『白神山地』の説明として、正しくないものはどれか。　　　　〈2点〉

[9]　① 白神山地は日本海側のブナ林の北限に位置している
　　　② 最寒冷期に分布域を減少させたブナは、約8,000
　　　　年前には現在の分布域を回復していた
　　　③ 核心地域は秋田県側の方が広いが、緩衝地帯は青森
　　　　県側の方が広い
　　　④ アオモリマンテマやオガタチイチゴツナギなどの希
　　　　少な植物も生育している

・1993年に登録された『屋久島』は、口永良部島と共に生物圏保存地域に選ばれている。『屋久島』の保護の歴史に関する次の文中の語句のうち、正しいものはどれか。　　　　　　　　〈2点〉

　　┌─────────────────────────────────
　　│ 1964年に九州の（① 桜島）と共に国立公園に編入されると、1980年には一切の（② 入山）
　　│ が禁止された。1980年代には（③ 天然林）が生物圏保存地域に指定され、2005年には島
　　│ の北西部が（④ ワシントン条約）登録地となった。更に2012年には「屋久島国立公園」と
　　└ して独立も果たした。

[10]　① 桜島　　　② 入山　　　③ 天然林　　　④ ワシントン条約

・『屋久島』と同じく生物圏保存地域に指定されている地域を含む『武夷山』にある、400mを超える岩に880段に達する石段が刻まれている山として、正しいものはどれか。 〈3点〉

[11]　① 城山日出峰　　② 冠雲峰　　③ 天柱峰　　④ 天遊峰

・1993年に登録された『法隆寺地域の仏教建造物群』の法隆寺西院伽藍などで用いられている、屋根の軒を支える構造として、正しいものはどれか。 〈2点〉

[12]　① 雲形組物　　② 銀杏形組物　　③ 雷形組物　　④ 桔梗形組物

・1993年に登録された『姫路城』の説明として、正しいものはどれか。 〈2点〉

[13]　① 太平洋戦争時には天守群の漆喰が墨で黒く塗られたが、戦後に白く戻された
　　　　② 「平成の大修理」では、天守群と西の丸の漆喰の塗り替えや瓦の全面葺き直しが行われた
　　　　③ 「昭和の大修理」では、礎石が鉄筋コンクリート製の基礎構造物に取り替えられた
　　　　④ 池田輝政は1580年に大改修を行い、3層の天守閣を含む近代城郭とした

・同じく1993年に登録された『デリーのフマユーン廟』の説明として、正しいものはどれか。〈2点〉

[14]　① 『タージ・マハル』に次いで2例目の、イン
　　　　ドにおける本格的なイスラム廟建築である
　　　　② 建築においてペルシアとインドの技法の見
　　　　事な融合が見られる
　　　　③ ムガル帝国最後の皇帝が殺害された場所
　　　　に建てられた霊廟である
　　　　④ インド初のイギリス式庭園があり、「天上
　　　　の楽園」が再現されている

・同じく1993年に登録された、次の3つの説明文から推測される世界遺産として、正しいものはどれか。 〈3点〉

　　— 石灰華層にあった窪地を活用して約7,000年前に人々の生活が始まった
　　— ギリシャの植民市となると、ピタゴラス学派の影響もあり、高度な技術を用いた住居も建設
　　　されるようになった
　　— 8世紀頃からはキリスト教修道士が住み始め、サンタ・マリア・デ・イドリス教会やサンタ・
　　　マリア・デッラ・コロンバ教会などの教会も建設された

[15]　① 要塞都市クエンカ
　　　　② トジェビーチのユダヤ人街とプロコピウス聖堂
　　　　③ イワノヴォの岩窟教会群
　　　　④ マテーラの洞窟住居サッシと岩窟教会公園

▶ 真正性に関する以下の問いに答えなさい。

・日本主導で「真正性に関する奈良会議」が開催された理由として、正しいものはどれか。　〈3点〉
[16]　① 木造建造物の保存について国際社会の理解を深める必要があったため
　　　　② 『古都奈良の文化財』が世界遺産登録された際に西欧の専門家から真正性について改善が求められたため
　　　　③ 真正性の解釈を巡りアジア諸国とヨーロッパ諸国で意見の対立があり、アジアから唯一世界遺産委員会委員国に選出されていた日本が調整する必要があったため
　　　　④ 真正性の概念が出されたヴェネツィア憲章を採択した国際会議の議長国が日本であったため

・再建・改修工事が真正性を損ねたとして、2017年の世界遺産委員会で構成資産が世界遺産から外され単体での登録となった遺産として、正しいものはどれか。　〈3点〉
[17]　① ボヤナの教会
　　　　② ゲラティ修道院
　　　　③ アフパットとサナインの修道院
　　　　④ マダラの騎馬像

・聖ダヴィド聖堂や聖デミトリウス聖堂などを含むビザンツ時代の栄光を伝える遺産で、これまで何世紀にもわたる修復の中で、真正性に基づかない質の低い修復や増築などが行われてきたことが問題視されたが、修復プロジェクトによって真正性が確保された世界遺産として、正しいものはどれか。　〈2点〉
[18]　① ゲガルト修道院とアザート渓谷上流域
　　　　② トロオドス地方の壁画教会群
　　　　③ テサロニキの初期キリスト教とビザンツ様式の建造物群
　　　　④ パトモス島にある歴史地区（ホラ）：神学者聖ヨハネの修道院と黙示録の洞窟

・真正性に基づく復元・修復が行われた『水原の華城』に関する次の文中の語句のうち、<u>正しくないもの</u>はどれか。　〈3点〉

　『水原の華城』には、北の長安門、南の（① 八達門）、東の蒼龍門、西の華西門の4つの城門を含む建造物群が残されている。（② 地形の有効利用）という韓国建築の伝統を踏襲しつつ、使用資材の規格化など当時の（③ 日本の産業遺産建築）の技術を導入した華城は軍事建築として高く評価された。また、（④『華城城役儀軌』）という築城記録に基づき復元・修復が行われた。

[19]　① 八達門　　　　　　　② 地形の有効利用
　　　　③ 日本の産業遺産建築　④ 『華城城役儀軌』

・以前の修復で用いた塗料がもとの色彩の変色をもたらしているとして、2013年から2018年にかけて真正性に基づく大規模修復が行われ、当時の姿が蘇った『バイロイトの辺境伯オペラハウス』を設計したイタリアの劇場建築家として、正しいものはどれか。 〈2点〉

[20]　① ジュゼッペ・ガッリ・ビビエーナ　　② ヨハン・フィリップ・フランツ
　　　　③ ジョヴァンニ・バッティスタ・ティエポロ　　④ アントニオ・ボッシ

▶ **登録基準 (i) に関する次の文を読んで、以下の問いに答えなさい。**

> 登録基準(i)は、「人類の(21)を示す傑作」に認められる基準で、(a)『隊商都市ペトラ』や(b)『アントニ・ガウディの作品群』、(24)などで認められている。また登録基準(i)のみで登録されている遺産は、現在(25)件のみで、その中のひとつ『プレア・ビヒア寺院』が登録された際には、国境問題が再燃してカンボジア王国と(26)との間で紛争が起こった。日本の遺産でこの基準が認められている遺産は(c)『日光の社寺』や(d)「ル・コルビュジエの建築作品*」など(29)件ある。

(*正式名称は『ル・コルビュジエの建築作品：近代建築運動への顕著な貢献』)

・文中の空欄(21)に当てはまる語句として、正しいものはどれか。 〈2点〉

[21]　① 歴史的痕跡　　② 芸術的卓越性　　③ 創造的資質　　④ 文化的発展性

・下線部(a)「隊商都市ペトラ」に関する説明として、正しいものはどれか。 〈2点〉

[22]　① 周辺に住むドラヴィダ人はアル・カズネを「カズネ・ナバテア」と呼んでいる
　　　　② 2019年に日本の政府開発援助によってペトラ博物館が完成した
　　　　③ ハリン、ベイタノー、シュリクシュトラの3つの都市遺跡で構成される
　　　　④ 建築物には黒い玄武岩が使われており、全体に黒っぽく見えるのが特徴である

・下線部(b)「アントニ・ガウディの作品群」に含まれる建築物として、正しくないものはどれか。〈2点〉

[23]　① カサ・ミラ　　　　　　② カサ・ヴィセンス
　　　　③ コロニア・グエル聖堂　　④ サン・パウ病院

・文中の空欄(24)に当てはまる、次の3つの説明文から推測される世界遺産として、正しいものはどれか。 〈2点〉

　　　― 3世紀頃から本格的な都市建設活動が始まったマヤ文明の都市遺跡である
　　　― 翡翠や黒曜石などの交易で繁栄した
　　　― マヤ文明最大の石碑として知られる高さ10.6m、重さ59tの「石碑E」が残る

[24]　① パレンケの古代都市と国立公園　　② コパンのマヤ遺跡
　　　　③ キリグア遺跡公園　　　　　　　④ ウシュマルの古代都市

2023年7月検定

・文中の空欄（ 25 ）に当てはまる数として、正しいものはどれか。　　　　〈2点〉

[25]　① 3　　　② 4　　　③ 5　　　④ 6

・文中の空欄（ 26 ）に当てはまる国名として、正しいものはどれか。　　　〈2点〉

[26]　① インドネシア共和国　　　② タイ王国
　　　　③ フィリピン共和国　　　　④ ラオス人民民主共和国

・下線部（c）「日光の社寺」に含まれる東照宮の陽明門で、1654
年に取り入れられた当時としては先進的な防火技術として、正
しいものはどれか。　　　　　　　　　　　　　　　〈2点〉

[27]　① 漆による塗装　　　　② 青銅製の柱
　　　　③ 銅瓦葺の屋根　　　　④ 金箔貼の彫刻

・下線部（d）「ル・コルビュジエの建築作品」に含まれる国立西洋美術館に関する説明として、正し
いものはどれか。　　　　　　　　　　　　　　　　　　　　　　　　　　　〈2点〉

[28]　① ル・コルビュジエがヨーロッパ以外で最初に設計した建築物である
　　　　② 前川國男と丹下健三、黒川紀章の3人が実施設計を担当した
　　　　③ ル・コルビュジエが書き上げた図面には「モデュロール」に基づく数値が書かれていた
　　　　④ 1996年、建物本体には手を加えず地下の基礎部分に免震装置が取り付けられた

・文中の空欄（ 29 ）に当てはまる数として、正しいものはどれか。　　　　〈2点〉

[29]　① 3　　　② 5　　　③ 7　　　④ 9

▶社会人の兄マンサクと大学生の妹アヤメの会話を読んで以下の問いに答えなさい。

マンサク：先週の(a)『小笠原諸島』出張はよかったな。青い空、(b)青い海、美味しい魚……夢の
　　　　　ようだったよ。
ア ヤ メ：お兄ちゃん、真っ黒に日焼けして帰ってきたもんね。ほんとに仕事していたのか疑わし
　　　　　いなぁ。
マンサク：何を言っているんだアヤメ。お兄ちゃんは地元の人々と交流しながら、仕事の合間を見
　　　　　つけて泳いだり、美味しい(c)お酒を飲んだり、日本で最初に(d)コーヒー豆の栽培を
　　　　　始めた農園でコーヒーを飲んだり、時間を有効活用していたんだぞ。有能な社会人はこ
　　　　　うでなくっちゃ！
ア ヤ メ：やっぱり怪しい。お酒やコーヒー飲んで、泳いでって、お兄ちゃんの好きなことばっかり
　　　　　じゃん。
マンサク：好きなことを仕事にするのはいいぞ！

アヤメ：だから、それ仕事じゃないでしょ!? ま、どうでもいいけど。コーヒーと言えば、昨日
　　　　お父さんが買ってきたペルーのコーヒー豆、さっそく今朝飲んだけど美味しかったな!
　　　　ペルー最大の国立公園で(e)絶滅危惧種の保護にも力を入れている『(　35　)』のすぐ
　　　　近くの農園らしいよ。
マンサク：えっ、オレ飲んでないけど。
アヤメ：お兄ちゃんは昨夜遅く帰ってきて、今日の昼過ぎまで(f)眠り続けてたからでしょ!
　　　　私はちゃんと起こしましたからね!
マンサク：昨日は同僚のノリオとウメコの(g)結婚生活の話を聞きながら飲んでたら、すっかり遅
　　　　くなっちゃって。
アヤメ：ノリオさんとウメコさん結婚したんだ!? あの二人は実はお似合いだって私はずっと
　　　　思ってたんだー! もしかして、お兄ちゃんヤケ酒だった!?
マンサク：なんでだよ!
アヤメ：だってお兄ちゃん、ウメコさんが『イヴレーア：20世紀の産業都市』に行った時のお土産
　　　　をずっと大事に持ってたもんね!
マンサク：ちがうよ! オレはイヴレーアを企業都市として発展させた(　38　)社が好きなだけ
　　　　ですけどぉ!
アヤメ：はいはい、そういうことにしておきましょ。
マンサク：企業で言ったら(h)ノシュク・ハイドロ社も好きですけどぉ!
アヤメ：しらんがな。

・下線部(a)「小笠原諸島」の説明として、正しいものはどれか。　　　　　　　　　　〈2点〉

[30]　① 父島と母島の周囲の3km海域がプロパティに含まれている
　　　　② 江戸時代に小笠原貞頼によってはじめて発見された
　　　　③ 風によって日本本土から種子が運ばれたシイの林が広がっている
　　　　④ 東京湾まで続く海域が世界遺産管理エリアに設定されている

・下線部(b)「青い海」に関し、美しい海に囲まれた『ロック・アイランドの南部ラグーン』の説明と
して、正しくないものはどれか。　　　　　　　　　　　　　　　　　　　　　　　〈2点〉

[31]　① 火山活動によってつくられた445もの無人の島々や湖、サンゴ礁で構成される
　　　　② 淡水湖や海水湖、汽水湖など52の湖は多様な水生生物の宝庫となっている
　　　　③ ジムジム・フォールズには毎年、数千羽の渡り鳥が訪れる
　　　　④ ジェリーフィッシュ・レイクはタコクラゲの生息地になっている

・下線部(c)「お酒」に関し、シャンパンの産地である『シャンパーニュの丘陵、醸造所と貯蔵庫』の
構成資産として、正しいものはどれか。　　　　　　　　　　　　　　　　　　　　〈3点〉

[32]　① ランスにあるサン・ニケーズの丘
　　　　② ディジョンにあるコート・ドゥ・ニュイの丘陵地
　　　　③ トゥールにあるマルムティエ修道院
　　　　④ ローザンヌにあるシヨン城

・下線部(d)「コーヒー豆の栽培」に関し、キューバで初めて作られたコーヒー農園の跡である『キューバ南東部におけるコーヒー農園発祥地の景観』に関する次の文中の語句で、正しいものはどれか。 〈2点〉

> （① ニカラグア革命）によりプランテーションの地を失った白人たちがキューバに移り住み、（② トウモロコシ）のプランテーションを行っていたが、その中からコーヒー豆の生産に移行するものが現れた。コーヒー農園は（③ 21世紀初頭）まで続けられたが、伝統的手法による生産は（④ 他国の新手法）との競争に勝てず、やがて衰退した。

[33] ① ニカラグア革命　　② トウモロコシ
　　　　③ 21世紀初頭　　　④ 他国の新手法

・下線部(e)「絶滅危惧種」に関し、IUCNのレッドリストにおける「絶滅寸前種（絶滅危惧ⅠA類）」の説明として、正しいものはどれか。 〈2点〉

[34] ① 3世代もしくは10年以内に個体数が80%以上減少している
　　　　② 毎年の調査において個体数が5年連続100以下である
　　　　③ 5年連続で個体数が前年の6割以下になっている
　　　　④ 10年連続で野生種の生息域が45%以上減少している

・文中の空欄（　35　）に当てはまる、次の3つの説明文から推測される世界遺産として、正しいものはどれか。 〈2点〉

　　― 地球に生息する鳥類の約10%にあたる約850種の鳥類が生息している
　　― 1億年前にアマゾン川流域がギアナ高地とブラジル中央高原に挟まれた内海であった痕跡をとどめている
　　― 絶滅危惧種の生息を維持するため、総面積の90%が学術研究区域とされ、一般人の立ち入りが禁じられている

[35] ① ロス・カティオス国立公園　　　　　　② マヌー国立公園
　　　　③ アレハンドロ・デ・フンボルト国立公園　④ ダリエン国立公園

・下線部(f)「眠り」に関し、『古代都市テーベと墓地遺跡』の構成資産で、エジプトの第18王朝トトメス1世の代から第20王朝ラメセス11世までが眠る場所として、正しいものはどれか。 〈2点〉

[36] ① ハトシェプスト女王葬祭殿
　　　　② ルクソール神殿
　　　　③ 王家の谷
　　　　④ カルナク神殿

・下線部（g）「結婚」に関し、南米に入植したスペイン人と先住民が結婚して文化的融合が深まったこともあり生まれた、チロエ様式が見られる『チロエの教会堂群』の構成資産として、正しいものはどれか。　〈2点〉

[37]　① ボン・ジェズス・ジ・マトジーニョス教会堂
　　　　② カストロ教会堂
　　　　③ バレンシアナ教会堂
　　　　④ ラ・ソレダー教会堂

・文中の空欄（　38　）に当てはまる企業名として、正しいものはどれか。　〈3点〉

[38]　① オリベッティ　　② フィアット　　③ フェラーリ　　④ ミノッティ

・下線部（h）「ノシュク・ハイドロ社」に関し、同社が空気中の窒素を固定してつくる合成肥料を製造するために設立した施設群を含む『リューカン・ノトッデンの産業遺産』の構成資産で、ノシュク・ハイドロ社がノトッデンに築いた発電所として、正しいものはどれか。　〈3点〉

[39]　① ウスチ・イリムスク水力発電所
　　　　② ヴェモルク水力発電所
　　　　③ ヘトリスヘイジ発電所
　　　　④ スウェルグフォス水力発電所

▶ トランスバウンダリー・サイトとシリアル・ノミネーション・サイトに関する以下の問いに答えなさい。

・シリアル・ノミネーション・サイトの説明として、<u>正しくないもの</u>はどれか。　〈2点〉

[40]　① 同一の歴史・文化群に属するものである
　　　　② 同一の法令、もしくは行政機関によって保護されているものである
　　　　③ 同じ地質学的、地形学的、または同じ生物地理区分もしくは同種の生態系に属するものである
　　　　④ 地理区分を特徴づける同種の資産であるもの

・シリアル・ノミネーション・サイトとして登録されている世界遺産として、正しいものはどれか。　〈2点〉

[41]　① ベームスター干拓地（ドゥローフマーケライ・デ・ベームスター）
　　　　② イルリサット・アイスフィヨルド
　　　　③ ラ・ショー・ド・フォン/ル・ロクル、時計製造都市の都市計画
　　　　④ サン・マリノの歴史地区とティタノ山

・シリアル・ノミネーション・サイトとして登録された「明治日本の産業革命遺産*」に関する次の文中の語句として、正しくないものはどれか。 〈2点〉

> 明治以降の日本の近代化のなかで重要な役割を果たした産業遺産群である。すでに(① 産業革命)を成し遂げた西欧の技術を学ぶことで(② 日本独自の産業構造を作り上げた歴史的価値)を証明している。(③ 8県11市に点在する23件の構成資産)からなり、(④ 稼働中の資産が含まれる)ため文化財保護法の他、港湾法や景観法を組み合わせて保護計画が立てられている。

[42]　① 産業革命
　　　　② 日本独自の産業構造を作り上げた歴史的価値
　　　　③ 8県11市に点在する23件の構成資産
　　　　④ 稼働中の資産が含まれる

(*正式名称は『明治日本の産業革命遺産　製鉄・製鋼、造船、石炭産業』)

・シリアル・ノミネーション・サイトでもあり、トランスバウンダリー・サイトでもある『セネガンビアのストーン・サークル遺跡群』の説明として、正しいものはどれか。 〈3点〉

[43]　① 構成資産の中で最も古いドゥルラの遺跡は紀元前8世紀まで歴史を遡ることができる
　　　　② この地にはモーセの十戒を刻んだ石板を納めた「契約の箱(アーク)」があると信じられている
　　　　③ アフリカの黒人史上最初の鉄器製造の中心地であった
　　　　④ ストーン・サークルに付随する墳墓の多くは集団墓である

・ベラルーシ共和国とポーランド共和国の国境に位置する『ビャウォヴィエジャ森林保護区』の地図上の位置として、正しいものはどれか。 〈2点〉

[44]

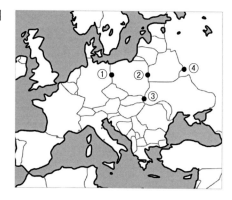

・次の3つの説明文から推測される世界遺産として、正しいものはどれか。 〈2点〉

　　― スロバキア共和国とハンガリーにまたがって広がる
　　― 熱帯と氷河気候の非常に稀な組み合わせの影響を示している
　　― バラドゥラ・ドミツァ洞窟には世界最大の石筍が存在する

[45]　① アグテレク・カルストとスロバキア・カルストの洞窟群
　　　　② ヴァトナヨークトル国立公園:火山と氷河がつくるダイナミックな自然
　　　　③ ヘンダーソン島
　　　　④ ピュイ山地とリマーニュ断層にある地殻変動地域

▶信仰や宗教に関する以下の問いに答えなさい。

・『紀伊山地の霊場と参詣道』に関する次の文中の語句として、正しいものはどれか。　　〈 2点 〉

> 紀伊山地は、年間の降雨量が3,000mmを超える多雨地帯である。豊かな雨が育む（① 田園景観）は、古くから「神の宿る場所」として崇められ、日本古来の（② 神仙思想）を育む土壌となっていた。遺産は、水を支配し金などの鉱物資源を産出する山として崇められた（③ 龍神山）を中心とする「吉野・大峯」と、熊野信仰の中心地である「熊野三山」、（④ 真言密教）の霊場である「高野山」、そしてそれらを結ぶ参詣道で構成されている。

[46]　　① 田園景観　　　② 神仙思想　　　③ 龍神山　　　④ 真言密教

・『富士山―信仰の対象と芸術の源泉』の「富士山本宮浅間大社」の説明として、正しいものはどれか。　　〈 2点 〉

[47]　　① 本殿は一間社入母屋造りで、檜皮葺の本殿に唐破風付向背をつけた形式である
　　　　② 浅間大神（木花之佐久夜毘売命）を祀る神社として創建された
　　　　③ 独特の境内の地割は、富士山に対する「遥拝」を主軸とする、古来の祭祀の形式を示している
　　　　④ 江戸時代までは、御師が宮司や禰宜（ねぎ）を務めていた

・『長崎と天草地方の潜伏キリシタン関連遺産』に関し、「3.維持、拡大」の時代に行われた五島への移住に関する説明として、正しいものはどれか。　　〈 2点 〉

[48]　　① 五島の中江ノ島はキリスト教伝来以前から山岳信仰の場であったため、キリスト教信仰がカモフラージュしやすい場所であった
　　　　② フランシスコ・ザビエルが最初に上陸したのが五島だったため聖地と考えられていた
　　　　③ 藩の開拓移民政策と関係しており、移民のキリスト教信仰が黙認されていた側面もあった
　　　　④ キリスト教徒が移り住んだ五島の外海地域はアクセスの難しい断崖にあるため、ほとんど人が訪れない場所であった

・『「神宿る島」宗像・沖ノ島と関連遺産群』に関し、宗像大社の三宮に祀られている神の組み合わせとして、正しいものはどれか。　　〈 2点 〉

[49]　　① 宗像大社沖津宮 ― 田心姫命
　　　　② 宗像大社中津宮 ― 市杵島姫命
　　　　③ 宗像大社辺津宮 ― 湍津姫命
　　　　④ 宗像大社中津宮 ― 奇稲田姫命

・『厳島神社』の構成資産である弥山原始林の山頂近くに残る「消えずの霊火」の説明として、正しいものはどれか。〈2点〉

[50] ① 平清盛が日宋貿易船のための灯台の火として灯したものである
② 毛利元就が大内氏との戦いの勝利を祈願して灯したものである
③ 弘法大師が修行の際に護摩の火として灯したものである
④ 厳島神社の完成を祈願して比叡山延暦寺から火を運び灯したものである

・次の3つの説明文から推測される世界遺産として、正しいものはどれか。〈3点〉

　　― この地を都としたチャンデーラ朝が築いた寺院が多くを占める
　　― ヒンドゥー教とジャイナ教の寺院が西群、東群、南群に分けられ混在している
　　― 最大の寺院は、西群に建つヒンドゥー教寺院のカンダーリヤ・マハーデーヴァ寺院である

[51] ① ナーランダ・マハーヴィハーラの遺跡群　　② プランバナンの寺院群
③ エローラーの石窟寺院群　　　　　　　　　④ カジュラーホの寺院群

・『ゲベル・バルカルとナパタ地域の遺跡群』で遺産に危機をもたらしている要因として、<u>正しくないもの</u>はどれか。〈2点〉

[52] ① 周辺の住民が建築資材として遺跡から石を切り出していること
② 遺跡群の多くが砂岩でもろいつくりになっていること
③ 砂嵐やナイル川の氾濫による浸食や風化があること
④ 来訪者や車の往来により遺産の劣化が進んでいること

・「カンタベリー大聖堂*」がカトリックの一大巡礼地となった理由として、正しいものはどれか。〈2点〉

[53] ① 「聖槍（ロンギヌスの槍）」の一部が発見された場所の上に建つため
② 列聖されたトマス・ベケットがイングランド王ヘンリー2世と対立して殉教した地であるため
③ アウグスティヌス（カンタベリーのアウグスティヌス）が焼失した大聖堂をわずか4年で再建したため
④ 百年戦争でフランス軍への必勝を祈願した地であるため

（*正式名称は『カンタベリー大聖堂、セント・オーガスティン修道院跡とセント・マーティン教会』）

・『チリビケテ国立公園：ジャガー崇拝の地』のある一帯で、ジャガーが崇拝された理由として、正しいものはどれか。〈2点〉

[54] ① マヤ文明を倒してこの地を解放した神の化身と考えられているため
② 黄金の毛皮が王家の権威の象徴とされたため
③ 力や多産の象徴であるため
④ 神が常にそばに置いている生き物がジャガーであるとされているため

・『キーウ：聖ソフィア聖堂と関連修道院群、キーウ・ペチェルーシカ大修道院*』のキーウ・ペチェルーシカ大聖堂に関連して2023年4月に起きた出来事として、正しいものはどれか。　〈3点〉

（テキストの『キエフ：聖ソフィア聖堂と関連修道院群、キエフ・ペチェルスカヤ大修道院』から遺産名を変更）

[55]　① 地下にある独居房が防空壕に改装された

　　　　② パブロ府主教が60日間の自宅軟禁を命じられた

　　　　③ ロシア軍によると考えられる攻撃でドーム天井が崩落した

　　　　④ 日本の岸田総理大臣が訪問し平和への祈りを捧げた

▶文化的景観に関する以下の問いに答えなさい。

・文化的景観の特徴を説明した次の文中の空欄に当てはまる語句として、正しいものはどれか。〈2点〉

　　文化的景観は、人間社会が（　　　）の中で、社会的、経済的、文化的に影響を受けながら進化してきたことを示す遺産に認められている。

[56]　① 繰り返される自然災害　　② 自然環境による制約

　　　　③ 近代的な都市計画　　　　④ 多文化・多民族間の交流

・文化的景観が世界遺産委員会で採択された年に起こった出来事として、正しくないものはどれか。
〈2点〉

[57]　① リオ・デ・ジャネイロで国連環境開発会議が開催された

　　　　② 歴史的都市景観の保護に関する宣言が出された

　　　　③ ユネスコ本部内に世界遺産センターが設立された

　　　　④ 日本が世界遺産条約の受諾書を提出した

・文化的景観の価値が評価された遺産に認められることが多い登録基準で、人類と環境との交流の価値を示すものとして、正しいものはどれか。　〈2点〉

[58]　① 登録基準（ii）　　② 登録基準（iii）　　③ 登録基準（iv）　　④ 登録基準（v）

・『石見銀山遺跡とその文化的景観』において文化的景観の価値が認められた理由として、正しいものはどれか。　〈2点〉

[59]　① 銀生産に関わった人々が長く生活してきた集落が残り、歴史的土地利用のあり方を示しているため

　　　　② 集落内に寺院や学校、歌舞伎小屋などが残り、文化的な生活を送っていたことがうかがい知れるため

　　　　③ 手掘りの坑道である「間歩」が、鉱石の神の宿る山において神の通り道と考えられ守られてきたため

　　　　④ 海から山までつながる景観に手付かずの自然が残されているため

・文化的景観の価値が認められている『左江花山の岩絵の文化的景観』において岩絵を書いたと考えられる人々として、正しいものはどれか。　　　　　　　　　　　　　　　〈2点〉

[60]　① オロチョン族　　　② 毛南族　　　③ ナバテア人　　　④ 駱越人

・『リスコ・カイドとグラン・カナリア島の聖なる山々の文化的景観』に関する次の文中の空欄
（　A　）、（　B　）に当てはまる語句の組み合わせとして、正しいものはどれか。　　〈3点〉

> リスコ・カイドには儀式のために岩に描かれた円形の穴がある（　A　）や季節ごとの祭礼
> が行われた（　B　）があり、星と大地を崇拝する信仰と関係があるとされる。

[61]　① A. ストア・デュアヘーヴェ ― B. ロケ・ベンテイガ
　　　　② A. ストア・デュアヘーヴェ ― B. カリブー
　　　　③ A. アルモガレン ― B. ロケ・ベンテイガ
　　　　④ A. アルモガレン ― B. カリブー

・『ロワール渓谷：シュリー・シュル・ロワールからシャロンヌまで』の構成資産で、次の3つの説明
文から推測される城として、正しいものはどれか。　　　　　　　　　　　　　　　　〈2点〉

　　── フランソワ1世が1519年に建築を始めた
　　── 独創的な煙突がアクセントとなるフランス・ルネサンス様式の最高傑作である
　　── 1981年に単独で世界遺産に登録された後、「ロワール渓谷」の構成資産に含まれた

[62]　① シャンボール城　　　② シュノンソー城　　　③ アンボワーズ城　　　④ シノン城

▶ **危機遺産に関する以下の問いに答えなさい。**

・危機遺産リストの説明として、<u>正しくない</u>ものはどれか。　　　　　　　　　　〈3点〉

[63]　① 危機遺産リストに記載された遺産の保全状況はリアクティヴ・モニタリングが行われ、
　　　　　　毎年審議される
　　　　② 2018年まで『古都奈良の文化財』は危機遺産リストに記載されていた
　　　　③ 文化遺産と自然遺産で危機遺産リスト記載への登録基準が分かれている
　　　　④ 危機遺産リスト記載への登録基準は「確定された危機」と「潜在的な危機」がある

・2013年から危機遺産リストに記載されている『クラック・デ・シュヴァリエとカラット・サラーフ・
アッディーン』に関し、クラック・デ・シュヴァリエを拡張して本拠地とした騎士団として、正しい
ものはどれか。　　　　　　　　　　　　　　　　　　　　　　　　　　　　　　　　〈2点〉

[64]　① ドイツ騎士修道会　　　② キリスト騎士団
　　　　③ 聖ヨハネ騎士団　　　④ テンプル騎士団

・次の3つの説明文から推測される世界遺産として、正しいものはどれか。　　　〈2点〉
　　　― シビロイ国立公園、セントラル・アイランド国立公園、サウス・アイランド国立公園で構成
　　　　される
　　　― 一帯はフラミンゴなどの鳥類の他、ナイルワニやカバの一大生息地にもなっている
　　　― 隣国エチオピアでのダム開発による生態系への影響が懸念され危機遺産リストに記載され
　　　　ている
[65]　　① トゥルカナ湖国立公園群
　　　　　② サロンガ国立公園
　　　　　③ W-アルリ-ペンジャーリ国立公園群
　　　　　④ サンガ川流域-三カ国を流れる大河

①
1級問題

②
2級問題

2023年7月検定

・『ウィーンの歴史地区』の説明として、正しいものはどれか。　　　〈2点〉
[66]　　① ルドルフ1世が城壁を取り払いリンクシュ
　　　　　　トラーセと呼ばれる環状道路にした
　　　　　② 17世紀のオスマン帝国の包囲を撃退してか
　　　　　　ら、市街が城壁の外へと急速に拡大した
　　　　　③ バロック様式の国立歌劇場は、サヴォイア公
　　　　　　オイゲンによって建造された
　　　　　④ ウィーン駅駅舎の高層化が問題視され、
　　　　　　2018年に危機遺産リストに記載された

・危機遺産リストに記載された後に、世界遺産リストから削除された「リヴァプール海商都市」に関
する次の文中の語句として、正しくないものはどれか。　　　〈2点〉

　　リヴァプールは18世紀に（① 三角貿易）の拠点となった。また1807年まで奴隷貿易の基
　盤をなす港であり、アメリカ大陸への移民を送り出す重要な港街でもあった。こうした国
　際交流が活性化した時代を示す（② 港湾都市計画）が評価され、（③ 6地区）が登録されて
　いたが、（④ 大型客船用ターミナル開発）などによる景観破壊のために世界遺産リストから
　削除された。

[67]　　① 三角貿易　　　② 港湾都市計画
　　　　　③ 6地区　　　　④ 大型客船用ターミナル開発

・『コロとその港』が危機遺産リスト入りした理由として、正しいものはどれか。　　　〈2点〉
[68]　　① 植民都市として築かれた港に最新の港湾施設が複数建設されたため
　　　　　② 反政府ゲリラ組織が街を征服し拠点としているため
　　　　　③ 2019年の大地震でラ・ベラ港が崩壊したため
　　　　　④ 2004年の大洪水で被害を受けたため

・2023年1月の世界遺産委員会特別会合で世界遺産に登録された『オデーサの歴史地区』の説明として、正しいものはどれか。　　　　　　　　　　　　　　　　　　　　　〈2点〉

[69]　① 緊急的登録推薦で登録された
　　　　② 登録時に暫定リストには記載されていなかった
　　　　③ プリモルスキー階段（オデーサ階段）は映画「惑星ソラリス」の舞台としても知られる
　　　　④ カール伯爵が建設を開始したロマン主義的自然庭園（イギリス式庭園）が残る

・同じく2023年1月に世界遺産登録された『トリポリのラシード・カラーミー国際見本市会場』に関し、地元の建築家などの協力を得ながら見本市会場を設計した人物として、正しいものはどれか。　　　　　　　　　　　　　　　　　　　　　　　　　　　　　　　　　　〈2点〉

[70]　① ザハ・ハディド　　　　　② ル・コルビュジエ
　　　　③ オスカー・ニーマイヤー　④ フランク・ロイド・ライト

・同じく2023年1月に世界遺産登録された『マリブ：古代サバ王国の代表的遺跡群』の保有国として、正しいものはどれか。　　　　　　　　　　　　　　　　　　　　　　　　　〈2点〉

[71]　① マリ共和国　　　② イエメン共和国　　　③ マラウイ共和国　　　④ レバノン共和国

▶ 産業遺産に関する以下の問いに答えなさい。

・TICCIH（国際産業遺産保存委員会）が、産業遺産の定義などを行った2003年採択の憲章として、正しいものはどれか。　　　　　　　　　　　　　　　　　　　　　　　　　〈2点〉

[72]　① モントルー憲章　　　　　② マーストリヒト憲章
　　　　③ ウェストミンスター憲章　④ ニジニータギル憲章

・上記の2003年にTICCIHで採択された憲章以前に登録された産業遺産として、正しいものはどれか。　　　　　　　　　　　　　　　　　　　　　　　　　　　　　　　　　　〈2点〉

[73]　① レーロースの鉱山都市と周辺
　　　　② セウェル鉱山都市
　　　　③ レッド・ベイのバスク人捕鯨基地
　　　　④ アルマデンとイドリア：水銀鉱山の遺跡

・近年、産業関連遺産の登録が増加している主な要因として、考えられるものはどれか。　〈2点〉

[74]　① 産業文化を再評価する動きが経済界から出てきているため
　　　　② 英国が産業革命発祥の地として各国に登録を促しているため
　　　　③ 世界遺産リストの不均衡是正を目指す世界遺産委員会の方針に沿っているため
　　　　④ 各国の伝統を代表する文化財が概ね登録されてきたため

・『富岡製糸場と絹産業遺産群』の富岡製糸場で、トラス構造の屋根組みが用いられた理由として、正しいものはどれか。　　　　　　　　　　　　　　　　　　　　　　　　〈2点〉

[75]　① 予算が削減され少ない木材で建設する必要があったため
　　　　② 柱の少ない広い工場空間を確保するため
　　　　③ 日本の神社建築の技法を取り入れたため
　　　　④ 蚕種を保管する際に風通しをよくするため

・『パドレ・テンブレケ水利施設の水道橋』に関する次の文中の空欄（ A ）、（ B ）に当てはまる語句の組み合わせとして、正しいものはどれか。　　　　　　　　　　　　　〈2点〉

『パドレ・テンブレケ水利施設の水道橋』の名は、（ A ）のフランシスコ・デ・テンブレケに由来する。テンブレケは地元の先住民共同体の協力を得て建設を進めた。（ B ）にあるアーチ型水道橋は、水路の部分で約40mの高さがあり、アーチの部分でも約34mの高さがある。

[76]　① A. フランス人の技術者 ― B. テペヤワルコ
　　　　② A. フランス人の技術者 ― B. グラン・ベイヤ
　　　　③ A. フランシスコ会の修道士 ― B. テペヤワルコ
　　　　④ A. フランシスコ会の修道士 ― B. グラン・ベイヤ

▶大学生のハッサクが友人のキヨミに書いた手紙を読んで、以下の問いに答えなさい。

キヨミ

　元気にしてる？　山口県から(a)青森県まで自転車で北上するチャレンジを始めて1ヵ月になるよ。前回ハガキを書いたのは広島だったよね。(b)『広島平和記念碑（原爆ドーム）』を見た衝撃を言葉にしたかったから書いたんだけど、今回は(c)『百舌鳥・古市古墳群』の「仁徳天皇陵古墳（大仙古墳）」を見た感動を伝えたくて書きました。

　仁徳天皇陵古墳（大仙古墳）は木々に覆われた大きな山のような姿で、木陰で休んでいると気持ちのよい(d)風が吹いてくるんだよね。今は亡き天皇の気配を感じるというか。現代の都市の中にあれだけ自然があると古墳の周りだけ(e)気温が低い気がして、SDGsの視点から考えてもよい場所だと思う。古墳で気候変動対策をしよう！　ってね。

　明日は『古都奈良の文化財』に含まれる（ 82 ）に行く予定。平城京に都が遷された後、まず718年に飛鳥藤原地方から移築された歴史をもつお寺を最初に見なきゃと思ってさ。

　その後はちょっとペースを上げないと8月上旬のゼミレポート提出に間に合わないから、必死のパッチで自転車こぐよ！　(f)「平泉」の中尊寺の内容でレポート案を(g)提出しちゃってるから、遅れるわけにはいかないからね！　(h)評価がもらえなくて、せっかくの旅行会社の内定が取り消されちゃかなわないからさ。

　最近ではすっかり日焼けして、Tシャツを脱いでも白いTシャツを着ているように見えるくらいだよ。上半身裸で歩いてもバレないかも。そんなわけないか。

　キヨミもレポート頑張って！　それじゃまた！

ハッサク

・下線部（a）「青森県」に関し、『北海道・北東北の縄文遺跡群』の構成資産で青森県にある三内丸山遺跡の説明として、正しいものはどれか。　　　〈3点〉

[77]　① 古代ローマと交易を行ったと考えられるコインが発見された
　　　　② 空港へ続くバイパス道路の建設中に発見された
　　　　③ 縄文人の「定住の開始」の時代を証明する遺跡である
　　　　④ 文化財保護法の特別史跡に指定されている

・下線部（b）「広島平和記念碑（原爆ドーム）」に関し、次のICOMOSの報告書の文中の空欄に当てはまる語句として、正しいものはどれか。　　　〈2点〉

歴史的価値や、建造物としての価値は認められないが、（　　　　）の記念碑として、世界でもほかに例を見ない建造物である。

[78]　① 廃墟となった建造物の保存活動
　　　　② 世界平和を目指す活動
　　　　③ 人々のナショナリズムをまとめる運動
　　　　④ 核兵器の狂気を伝える運動

・下線部（c）「百舌鳥・古市古墳群」の構成資産で、次の3つの説明文から推測される古墳として、正しいものはどれか。　　　〈2点〉

　　― 百舌鳥エリアにある
　　― 幅が広く、長さの短い前方部の形状が特徴の前方後円墳である
　　― 1950年代に宅地開発による破壊の危機にさらされたが、市民を中心とした保存運動によって破壊をまぬがれた

[79]　① いたすけ古墳　　　② 津堂城山古墳
　　　　③ 孫太夫山古墳　　　④ ニサンザイ古墳

・下線部（d）「風」に関し、『イビサ島の生物多様性と文化』にある「風車の丘」を意味する名で呼ばれる墓地として、正しいものはどれか。　　　〈3点〉

[80]　① ラス・カニャダス
　　　　② ヨークルフロイプ
　　　　③ プッチ・フダス・ムリンス
　　　　④ ブルナリ・ビジネ

・下線部(e)「気温が低い」に関し、『知床』にある羅臼の夏の気温がウトロに比べて低い理由として、正しいものはどれか。　〈2点〉

[81]　① 知床連山から吹き下ろす風がフェーン現象を引き起こすため
　　　　② 寒流の知床海流が羅臼沖を通り気温を引き下げているため
　　　　③ 南東風が知床連山にぶつかることで雨が多く海霧が発生するため
　　　　④ オホーツク海からの流氷がウトロではなく羅臼に漂着するため

・文中の空欄（　82　）に当てはまる語句として、正しいものはどれか。　〈2点〉

[82]　① 大峰山寺と元興寺　　　② 唐招提寺と薬師寺
　　　　③ 東大寺と唐招提寺　　　④ 元興寺と薬師寺

・下線部(f)「平泉*」に関し、中尊寺の金色堂の説明として、正しいものはどれか。　〈2点〉

[83]　① 北東側に設けられた遣水は平安時代の遺構としては日本で唯一かつ最大のものである
　　　　② 金鶏山の東に位置し、その東には居館の遺跡である柳之御所遺跡がある
　　　　③ 須弥壇には藤原基衡の供養願文が納められている
　　　　④ 正方形の一辺に柱が4本ある方三間という建築様式である

（*正式名称は『平泉―仏国土（浄土）を表す建築・庭園及び考古学的遺跡群―』）

・下線部(g)「提出」に関し、世界遺産に推薦された遺産の調査を行う諮問機関のICOMOSやIUCNが、その評価報告書を世界遺産センターに提出する期限として、正しいものはどれか。〈3点〉

[84]　① 世界遺産委員会の12週間前　　② 世界遺産委員会の8週間前
　　　　③ 世界遺産委員会の6週間前　　　④ 世界遺産委員会の3週間前

・下線部(h)「評価」に関し、世界遺産周辺での開発計画などの影響を、バッファー・ゾーンを越える一帯を含めて行う評価として、正しいものはどれか。　〈3点〉

[85]　① 遺産環境評価　　② 遺産影響評価　　③ 遺産周辺評価　　④ 遺産開発評価

▶ **第45回世界遺産委員会に関する以下の問いに答えなさい。（2023年5月時点）**

・第45回世界遺産委員会はサウジアラビア王国で開催される。その委員会の議長を務める予定の人物として、正しいものはどれか。　〈2点〉

[86]　① ハイファ・アル・モグリン王女
　　　　② アレクサンドル・クズネツォフ
　　　　③ オードレ・アズレ
　　　　④ アントニオ・グテーレス

・第45回世界遺産委員会の説明として、<u>正しくないもの</u>はどれか。　　　　〈2点〉

[87]　① 日本が世界遺産委員会の委員国を務める
　　　　② 新規登録遺産は2年分の推薦遺産について審議を行う
　　　　③ ロシア連邦のユネスコ代表部の出席が認められていない
　　　　④ 2023年9月に開催される

・ユネスコ日本政府代表部特命全権大使として会議に参加する人物として、正しいものはどれか。
　　　　　　　　　　　　　　　　　　　　　　　　　　　　　　　　　　〈2点〉

[88]　① 山田滝雄　　　② 佐藤地　　　③ 近藤誠一　　　④ 尾池厚之

・第45回世界遺産委員会が開催されるサウジアラビア王国にある遺産で、次の3つの説明文から推
測される世界遺産として、正しいものはどれか。　　　　　　　　　　　〈2点〉
　　　― サウジアラビア王国の首都リヤドの北西に位置する
　　　― サウジアラビアのルーツであるサウード家の発祥の地である
　　　― アラビア半島中央部で見られるナジャディ様式を今に伝えている
[89]　① タッタとマクリの歴史的建造物群
　　　　② ウンム・アッラサス（カストロム・メファア）
　　　　③ ディライーヤのツライフ地区
　　　　④ ゴンバデ・カーブース

・第45回世界遺産委員会が開催されるサウジアラビア王国の『アル・ヒジルの考古遺跡（マダイン・
サレハ）』の説明として、正しいものはどれか。　　　　　　　　　　　〈2点〉

[90]　① 2世紀初頭頃はローマ帝国アラビア属州の
　　　　　州都であった
　　　　② イスラム教の聖典「クルアーン」では呪われ
　　　　　た場所とされている
　　　　③ 1966年に紐で模様をつけた彩文土器が発
　　　　　見された
　　　　④ 石灰岩層に築かれた3,500もの地下室が
　　　　　存在している

過去問題

2023年12月 実施 — 1級

認定率・講評

〈 集計データ 〉

最高点	最低点	平均点	認定点	受検者数	認定者数	認定率
190点	55点	124.6点	140点	793人	255人	32.2%

〈 得点分布図 〉

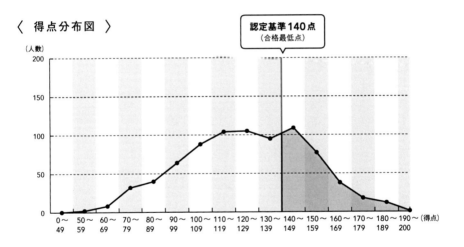

認定基準140点
（合格最低点）

（人数）

― 講 評 ―

平均点が124.6点、認定率が32.2％となり前回（2023年7月検定）よりは上がりましたが、ほぼ例年通りの水準です。正答率が最も高かったのは「奈良文書」に関する問題で、正答率が100％でした。世界遺産条約の内容を尋ねる問題や、合掌造り集落のウスバリについての問題も正答率が高く9割以上でした。一方、最も正答率が低かったのが『古都奈良の文化財』で平城京の外京のエリアにある構成資産を尋ねる問題や『麗江の旧市街』についての文章問題で、正答率は1割台でした。日本の遺産は太字以外のところまでしっかりと学ぶ必要があります。日本の遺産は件数に対して配点が大きいですので勉強すれば結果に結びつきやすい分野です。

▶ 世界遺産条約に関する次の文章を読んで、以下の問いに答えなさい。

> 世界遺産条約は、（　1　）が議長を務めた1972年の第17回(a)UNESCO総会で採択された国際条約である。世界遺産条約は、(b)顕著な普遍的価値を有する自然や生態系保存地域、記念建造物、遺跡などを(c)「世界遺産リスト」に記載し保護することを目的としている。（　A　）をひとつの条約で保護しようとしている点が特徴で、世界遺産の保護の第一義的な義務・責任は（　B　）にあるとしている。

・文中の空欄（　1　）に当てはまる語句として、正しいものはどれか。　　　　　〈2点〉

[1]　　① ルネ・マウ UNESCO事務局長　　　　② 萩原徹日本政府代表
　　　　　③ アンドレ・マルローフランス政府代表　④ コフィー・アナン国連事務総長

・下線部(a)「UNESCO」の説明として、正しいものはどれか。　　　　　　　　〈2点〉

[2]　　① 英国のロンドンに本部がある
　　　　　② 松浦晃一郎氏が日本人としては2人目の事務局長として3期12年務めた
　　　　　③ 執行委員会は国際連合からの助言を基にUNESCOの新加盟国の承認を行う
　　　　　④ 総会と執行委員会、事務局がある

・同じく「UNESCO」に関し、UNESCO憲章前文から抜粋した以下の文中の空欄（　A　）、（　B　）に当てはまる語句の組み合わせとして、正しいものはどれか。（2つの空欄（　B　）には同じ語句が入る）　　　　　　　　　　　　　　　　　　　　　　　　　　　　　　　　　　〈2点〉

> 相互の（　A　）を知らないことは、人類の歴史を通じて世界中の人々の間に（　B　）を引き起こした共通の原因であり、この（　B　）のために、世界中の人々の差異があまりにも多くの戦争を引き起こした。

[3]　　① A. 風習と生活 ― B. 絶望と猜疑　　② A. 風習と生活 ― B. 疑惑と不信
　　　　　③ A. 風土と景観 ― B. 絶望と猜疑　　④ A. 風土と景観 ― B. 疑惑と不信

・下線部(b)「顕著な普遍的価値」の説明として、正しいものはどれか。　　　　〈2点〉

[4]　　① 『バイロイトの辺境伯オペラハウス』では登録時、この価値の言明がなされていなかった
　　　　　② この価値を評価する基準として、10項目の登録基準がある
　　　　　③ この価値を最初に定義したのはIUCNである
　　　　　④ 英語の頭文字をとってCSVとも呼ばれる

・下線部(c)「世界遺産リスト」に遺産をもたない国が可能なこととして、正しいものはどれか。
　　　　　　　　　　　　　　　　　　　　　　　　　　　　　　　　　　　　　　　〈2点〉

[5]　　① 1回の世界遺産委員会で3件まで新規登録の審議を受けることができる
　　　　　② 暫定リストに記載していない遺産を推薦することができる
　　　　　③ 世界遺産委員会の副議長国の一国に採用される
　　　　　④ 世界遺産委員会に一定の議席を割り当てられる

・文中の空欄（　A　）、（　B　）に当てはまる語句の組み合わせとして、正しいものはどれか。

〈2点〉

[6] 　① A. 海域と陸域 ― B. 地域住民　　② A. 海域と陸域 ― B. 締約国
　　　　③ A. 自然遺産と文化遺産 ― B. 地域住民　　④ A. 自然遺産と文化遺産 ― B. 締約国

▶ 世界遺産委員会諮問機関とUNESCOに関する以下の問いに答えなさい。

・世界遺産委員会諮問機関の説明として<u>正しくないもの</u>はどれか。〈2点〉

[7]　① 世界遺産委員会文書及び会議議題を作成する
　　　　② 世界遺産の保全状況の監視を行う
　　　　③ 世界遺産基金の財政報告を行う
　　　　④ 専門分野について世界遺産条約履行に関する助言を行う

・諮問機関が設立された順番として、正しいものはどれか。〈2点〉

[8]　① IUCN ⇒ ICOMOS ⇒ ICCROM　　② IUCN ⇒ ICCROM ⇒ ICOMOS
　　　　③ ICOMOS ⇒ IUCN ⇒ ICCROM　　④ ICOMOS ⇒ ICCROM ⇒ IUCN

・IUCNの説明として正しいものはどれか。〈2点〉

[9]　① 本部をフランスのストラスブールに置く世界的組織である
　　　　② UNESCOやフランス政府、スイス自然保護連盟などの呼びかけにより設立された
　　　　③ 動産や不動産、自然遺産の保全強化を目的とした研究や記録の作成を行っている
　　　　④ 世界遺産条約締約国のUNESCO分担金の100分の1を活動資金として受けている

・ICCROMの本部が置かれるローマにある「ローマの歴史地区*」に
関し、「諸皇帝の広場」という意味の名称がつけられ、「トラヤヌス帝
記念柱」などが残る構成資産として、正しいものはどれか。〈2点〉

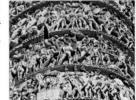

[10]　① パンテオン
　　　　② アウグスタ・エメリタ
　　　　③ フォロ・ロマーノ
　　　　④ フォーリ・インペリアーリ

（*正式名称は『ローマの歴史地区と教皇領、サン・パオロ・フォーリ・レ・ムーラ聖堂』）

・ICOMOSの説明として、正しいものはどれか。〈2点〉

[11]　① 複合遺産の専門的調査を行う
　　　　② UNESCO加盟国の政府機関が集まった組織である
　　　　③ 文化遺産や自然遺産の保全状況の監視を行う
　　　　④ アテネ憲章の原則を基にイタリアのミラノで設立された

・ICOMOS に関する出来事として、正しいものはどれか。　　　　　　　　　〈2点〉

[12]　① 「平泉*」の拡大申請は「白鳥舘遺跡」のみとするよう勧告を出した
　　　　② 『古都奈良の文化財』の平城宮跡に対して危機遺産リスト入りの勧告を出した
　　　　③ 神宮外苑再開発に対し「ヘリテージアラート」を出した
　　　　④ 大阪・関西万博会場開発に対し周囲の景観保全の意見書を出した
　　　　　　　　　　　　　　(*正式名称は『平泉―仏国土(浄土)を表す建築・庭園及び考古学的遺跡群―』)

▶ 登録基準に関する以下の問いに答えなさい。

・登録基準の説明として、正しくないものはどれか。　　　　　　　　　　〈2点〉

[13]　① 全ての複合遺産は2つ以上の登録基準が認められている
　　　　② 『ヴェネツィアとその潟』と『雲岡石窟』では登録基準(i)から(vi)の全てが認められている
　　　　③ 2007年の世界遺産委員会で審議される遺産から10項目の登録基準が適用された
　　　　④ 世界遺産条約履行のための作業指針の中で定められている

・登録基準の中で「他の基準とあわせて用いられることが望ましい」と付記されているものとして、
正しいものはどれか。　　　　　　　　　　　　　　　　　　　　　　　〈2点〉

[14]　① 登録基準(i)　　② 登録基準(v)　　③ 登録基準(vi)　　④ 登録基準(vii)

・登録基準(ii)に関する次の文中の空欄に当てはまる語句として、正しいものはどれか。　〈3点〉

　建築や技術、記念碑、都市計画、景観設計の発展において、ある期間または世界の文化圏内
　での重要な(　　　)を示す価値である。

[15]　① 文化的成熟　　② 価値観の交流　　③ 排他的進化　　④ 人類と環境との交流

・日本の遺産における登録基準(ii)の説明として、正しいものはどれか。　　〈2点〉

[16]　① 日本では『姫路城』で初めて認められた
　　　　② 『古都京都の文化財』の審議の際に、木の文化にも適用されるように解釈が変わった
　　　　③ 日本では最も多くの遺産で認められている
　　　　④ 「明治日本の産業革命遺産*」で申請したが認められなかった
　　　　　　　　　　　　　　(*正式名称は『明治日本の産業革命遺産　製鉄・製鋼、造船、石炭産業』)

・登録基準(ii)が認められている遺産として、正しくないものはどれか。　　〈2点〉

[17]　① アジャンターの石窟寺院群
　　　　② タフテ・ソレイマーン
　　　　③ ザンクト・ガレンの修道院
　　　　④ タオス・プエブロの伝統的集落

・登録基準（ⅱ）が認められている『メキシコ・シティの歴史地区とソチミルコ』の説明として、正しいものはどれか。　　　　　　　　　　　　　　　　　　　　　　　　　　　〈3点〉

[18]　① メキシコ・シティがある場所にはもともとインカ帝国の都テノチティトランがあった
　　　　② 「ソチミルコ」とは、先住民のナワトル語で「水鳥の楽園」を意味する
　　　　③ 1978年以降の調査で2連の神殿を持つテンプロ・マヨールの遺構が発見された
　　　　④ 市内には土佐藩の支倉常長が宿泊したサグラリオも残る

▶複合遺産に関する以下の問いに答えなさい。

・複合遺産に関する説明として、正しいものはどれか。　　　　　　　　　　　　　〈2点〉

[19]　① 「富士山*」は複合遺産として推薦したが認められなかった
　　　　② 世界遺産条約には複合遺産についての定義はない
　　　　③ 文化的景観は複合遺産のみに認められる
　　　　④ 1978年に3件の複合遺産が誕生した

（*正式名称は『富士山－信仰の対象と芸術の源泉』）

・『泰山』で皇帝たちが封禅を行った場所として、正しいものはどれか。　　　　　〈3点〉

[20]　① 岱廟　　　　② 秘苑
　　　　③ 永寧殿　　　④ 法王院

・『トンガリロ国立公園』に関する次の文中の空欄に当てはまる語句として、正しいものはどれか。　　　　　　　　　　　　　　　　　　　　　　　　　　　　　　　　〈2点〉

┌───┐
　1887年、マオリの首長（　　　）は、神聖な土地を将来にわたって守り抜くことは困難であると判断し、トンガリロの地を英国女王に寄進する代わりに、国家の保護下に置くことを提言し、1894年にニュージーランドで初の国立公園として保護されることとなった。
└───┘

[21]　① カメハメハ2世
　　　　② ワイレム・キンギ
　　　　③ アベル・タスマン
　　　　④ テ・ヘウヘウ・ツキノ4世

・『カンペチェ州カラクムルの古代マヤ都市と保護熱帯雨林群』にあるカラクムルの熱帯雨林の説明として、正しいものはどれか。　　　　　　　　　　　　　　　　　　　〈2点〉

[22]　① テワカン・クイカトラン生物圏保護区に含まれている
　　　　② ジャガー崇拝と結びつく足を踏み入れてはいけない場所であった
　　　　③ アメリカ大陸で2番目に大きな熱帯雨林である
　　　　④ 柱サボテンが世界で最も密生する森である

・『聖山アトス』で用いられている暦として、正しいものはどれか。

〈2点〉

[**23**]　① ユリウス暦　　② グレゴリオ暦
　　　　　③ ジャラーリー暦　④ カノプス暦

▶社会人の兄マンサクと大学生の妹アヤメの会話を読んで以下の問いに答えなさい。

ア ヤ メ：お兄ちゃん、来週から**(a)チェコ**出張なの!?　わたし聞いてないんだけど！

マンサク：妹よ、なぜそれを知っている!?

ア ヤ メ：お母さんがウキウキしながらお土産リスト作ってたからだよ！　私にもクリスマス・プ
　　　　　レゼントと兼ねて何かすごいもの買ってきてもらわないと。

マンサク：すごいものって何だよ？

ア ヤ メ：すごいものといったらすごいもの！　例えば7tもの金箔で覆われた、**(b)『キトの市街』**
　　　　　にあるラ・コンパニーア教会堂の主祭壇みたいな感じのものね。

マンサク：こらこら、兄は常時金欠なんだぞ。

ア ヤ メ：金欠だって容赦しないわ、わたし！　ところで、チェコのどのあたりに行くの？

マンサク：まずはエゴン・シーレのお母さんの出身地でもある（　**26**　）に行ってワインを飲んで、
　　　　　そこから**(c)『テルチの歴史地区』**に行ってカラフルな街並を見ながらビールを飲んでペ
　　　　　チェナー・フサを食べて……。

ア ヤ メ：飲んでばっかりじゃない。ペチェナー・フサって何？

マンサク：そっかー、アヤメはあの美味しいペチェナー・フサを知らないかぁ。あの**(d)聖マルティ**
　　　　　ンの日に食べるガチョウのローストを知らないかぁ。まだまだ、お子ちゃまだからなぁ。

ア ヤ メ：いちいちイラっとするんですけど。

マンサク：ごめんなさい！　そんなに睨まないで……テルチの美しい**(e)景観**の写真を送るから。

ア ヤ メ：それなら、行った街全部の写真を送ってよ。はい、**(f)スケジュール**表見せて。

マンサク：なんか監視されてるような気が……。

ア ヤ メ：あー！　（　**32**　）にも行くの!?　5と3という数字が深く関わってる教会でしょ！
　　　　　5月3日生まれのわたしよりなんでお兄ちゃんが先に行くのよ！　ずるい！

マンサク：いや、ずるくはない。因みに、アヤメが行きたがっていた**(g)『ブルノのトゥーゲントハー**
　　　　　ト邸』にも行くぞ。

ア ヤ メ：え……ウソでしょ!?　私の**(h)建築**好きを知っていながらその所業……涙がでそう。

マンサク：いや、あの……オレも仕事で。そうだ今晩はお兄ちゃんが駅前にあるメキシコレストラ
　　　　　ン**(i)「パドレ・テンブレケ」**で美味しいものをご馳走しちゃおうかな！

ア ヤ メ：やった！　お母さんも呼んでくる！

・下線部**(a)「チェコ」**に関し、チェコの世界遺産『プラハの歴史地区』の構成資産として、<u>正しくな</u>
<u>いもの</u>はどれか。

〈2点〉

[**24**]　① 聖ヴィート大聖堂　　② カレル橋
　　　　　③ マーチャーシュ聖堂　④ ティーンの聖母聖堂

・下線部(b)「キトの市街」に関する説明として、正しいものはどれか。　　　〈3点〉

[25]　① 15世紀末にインカ帝国の支配下に入り、インカ第2の都市として栄えた

　　　　② 16世紀にはポルトガルの植民地として砂糖産業で繁栄した

　　　　③ 南米の建築史上最高傑作とされるサン・フランシスコ修道院は16世紀の地震で損傷した

　　　　④ 近郊には宗教儀礼の場サクサイワマンなども残る

・文中の空欄（　26　）に当てはまる世界遺産で、次の3つの説明文から推測されるものとして、正しいものはどれか。　　　〈2点〉

　　　― 交通の要所であるヴルタヴァ河畔にあるボヘミアの小都市

　　　― ヴィートコフ家が城を築き多くの入植者を呼び寄せた

　　　― 15世紀建造の後期ゴシック様式の聖ヴィート教会なども残る

[26]　① バルジェヨウ街並保存地区

　　　　② クトナー・ホラ歴史地区の聖バルバラ教会とセドレツ地区の聖母マリア大聖堂

　　　　③ シギショアラの歴史地区

　　　　④ チェスキー・クルムロフの歴史地区

・下線部(c)「テルチの歴史地区」に関し、1530年の大火災の後に火災に強い街として復興させた市長として、正しいものはどれか。　　　〈3点〉

[27]　① フランチェスコ・ラパレッリ・ディ・コルトーナ

　　　　② ザハリアーシュ・フラデツ

　　　　③ ヘルマン・フォン・ピュックラー＝ムスカウ

　　　　④ グレゴリオ・グリエルミ

・下線部(d)「聖マルティン」に関し、聖マルティン聖堂など100件以上の歴史的建造物が含まれる『レヴォチャ、スピシュ城と関連する文化的建造物群』の説明として、正しくないものはどれか。　　　〈2点〉

[28]　① スピシュ城は、タタール人の襲撃に備えて13世紀初頭に築かれた

　　　　② 聖職者居住区として城下街スピシュスケー・ポドフラジェがつくられた

　　　　③ 世界最大規模の空堀と稜堡を活用した防衛システムを持っている

　　　　④ 2009年にはレヴォチャの中心街が拡大登録された

・下線部(e)「景観」に関し、景観を悪化させる開発計画のために危機遺産リストに記載され、2021年の世界遺産委員会で世界遺産リストから削除された遺産として、正しいものはどれか。　　　〈2点〉

[29]　① 歴史都市トロギール

　　　　② 上スヴァネチア

　　　　③ リヴァプール海商都市

　　　　④ ファウンテンズ修道院の廃墟のあるスタッドリー・ロイヤル公園

・下線部(f)「スケジュール」に関し、世界遺産センターへの推薦書の提出に関する次の文中の空欄に当てはまる語句として、正しいものはどれか。　　　　　　　　　　　　　　〈3点〉

> 世界遺産条約の締約国は、世界遺産センターの協力を受けながら暫定リストを作成し、その中から登録への要件が整った遺産の推薦書を、審議を受ける世界遺産委員会の(　　　)までに世界遺産センターへ提出する。

[30]　① 前年の2月1日　　② 前年の12月1日
　　　　③ 同年の1月1日　　④ 同年の1月30日

・同じく「スケジュール」に関し、ICOMOSとIUCNから「勧告」が出される期限として、正しいものはどれか。　　　　　　　　　　　　　　　　　　　　　　　　　　　　　〈2点〉

[31]　① 世界遺産委員会の1年前　　　② 世界遺産委員会の6ヵ月前
　　　　③ 世界遺産委員会の6週間前　④ 世界遺産委員会の1ヵ月前

・文中の空欄(　32　)に当てはまる世界遺産で、次の3つの説明文から推測されるものとして、正しいものはどれか。　　　　　　　　　　　　　　　　　　　　　　　　　　　　　〈3点〉

　　　　― プラハ南東のボヘミアモラヴィア高地に位置する
　　　　― 建築家ヤン・ブラジェイ・サンティーニによって築かれた
　　　　― 平面プランは上から見ると五芒星の形(五角形の星形)をしている

[32]　① マウォポルスカ南部の木造教会群
　　　　② コローメンスコエ：昇天教会(ヴォズネセーニエ教会)
　　　　③ プスコフ建築派の教会群
　　　　④ ゼレナー・ホラにあるネポムークの聖ヨハネ巡礼教会

・下線部(g)「ブルノのトゥーゲントハート邸」に関し、次の文中の空欄(　A　)、(　B　)に当てはまる語句の組み合わせとして、正しいものはどれか。　　　　　　　　　　　　〈2点〉

> (　A　)が設計したトゥーゲントハート邸は、庭に向かった壁面は総ガラス張り、部屋の間仕切りはすべて(　B　)と、斬新で開放的な空間設計になっている。

[33]　① A. ミース・ファン・デル・ローエ ― B. 大理石
　　　　② A. ミース・ファン・デル・ローエ ― B. 天然ブナの一枚板
　　　　③ A. オットー・ワーグナー ― B. 大理石
　　　　④ A. オットー・ワーグナー ― B. 天然ブナの一枚板

・下線部(h)「建築」に関し、『富岡製糸場と絹産業遺産群』の富岡製糸場などで見られる、柱の少ない広い工場空間を実現させた屋根組みとして、正しいものはどれか。　　　　　　　〈2点〉

[34]　① ブレース構造　　② ラーメン構造
　　　　③ シェル構造　　　④ トラス構造

・下線部（ⅰ）「パドレ・テンブレケ」に関し、『パドレ・テンブレケ水利施設の水道橋』で、水路の部分で約40ｍ、アーチの部分で約34ｍの高さのアーチ型水道橋がある場所として、正しいものはどれか。　〈2点〉

[35]　① ロス・インヘニオス盆地　　② テペヤワルコ
　　　　③ グラン・ベイヤ　　　　　　④ サカテカス

▶生物の多様性に関する以下の問いに答えなさい。

・『屋久島』で遺存固有としてスギが残っている理由として、正しいものはどれか。　〈2点〉

[36]　① 古くより聖域として人の立ち入りが禁じられていたため
　　　　② 屋久島が大陸とつながったことがなく外来種が侵入しなかったため
　　　　③ ブナやナラなどの落葉広葉樹林が寒冷期に南下しなかったため
　　　　④ 氷河期に寒さに強いスギ以外は島内で絶滅したため

・『知床』に関し、知床で越冬を行う天然記念物の生物として、正しいものはどれか。　〈2点〉

[37]　① ハリセンボン
　　　　② ソデグロヅル
　　　　③ オオワシ
　　　　④ オショロコマ

・『小笠原諸島』で「小笠原諸島世界自然遺産地域科学委員会」が中心となって策定した管理計画の基本方針として、正しくないものはどれか。　〈2点〉

[38]　① 希少種生息域からの人の生活の段階的撤退
　　　　② 外来種による影響の排除・回避
　　　　③ 優れた自然環境の保全
　　　　④ 順応的な保全・管理計画の実施

・次の3つの説明文から推測される遺産として、正しいものはどれか。　〈3点〉

　　　─ ペルシャヒョウが生息している
　　　─ イランで知られる維管束植物の44％が、イラン国土の7％に過ぎない登録地で見られる
　　　─ 2023年に登録範囲がアゼルバイジャンにまで拡大された

[39]　① ヒルカニアの森林群
　　　　② ハミギタン山岳地域野生動物保護区
　　　　③ キナバル自然公園
　　　　④ ダウリアの景観群

・『ドニャーナ国立公園』で確認できる生物として、<u>正しくないもの</u>はどれか。　　　〈2点〉

[40]　① スペインオオヤマネコ
　　　　② インペリアルイーグル
　　　　③ アオサギ
　　　　④ ゴビズキンカモメ

・『ガラパゴス諸島』において、人間が上陸するまで生物が固有の進化を遂げることができた理由の
ひとつとして、正しいものはどれか。　　　〈2点〉

[41]　① 天敵となる大型の肉食哺乳類が存在しなかったため
　　　　② パナマ海流とカナリア海流の影響で外界から閉ざされた生息環境だったため
　　　　③ 海流の影響で3島からなるガラパゴス諸島の島ごとの環境が全く異なったため
　　　　④ 南米最高峰の山があり動植物の垂直分布が見られたため

・次の3つの説明文から推測される遺産として、正しいものはどれか。　　　〈3点〉
　　　― フィリピン唯一の国立海洋公園である
　　　― ドロップオフと呼ばれるサンゴ礁の断崖がある
　　　― ダイナマイトを使用した漁法による生態系への影響が懸念されている

[42]　① ウジュン・クロン国立公園
　　　　② グヌン・ムル国立公園
　　　　③ トゥバッタハ岩礁自然公園
　　　　④ トゥンヤイ-ファイ・カ・ケン野生生物保護区

・『グレート・バリア・リーフ』に関する次の文中の空欄（　A　）、（　B　）に当てはまる語句の組み
合わせとして、正しいものはどれか。　　　〈3点〉

> イソギンチャクなどと同じ（　A　）に属するサンゴは、死に絶えると（　B　）の体のため海
> に沈殿する。それが岩の周辺などに固まり、海面を越えるほどに達すると鳥の休憩所とな
> る。その後、鳥のフンにまみれて植物が芽を出すと地面が安定し小島が形成される。

[43]　① A. 偽体腔動物 ― B. 石灰質　　　② A. 偽体腔動物 ― B. 粘土質
　　　　③ A. 刺胞動物 ― B. 石灰質　　　　④ A. 刺胞動物 ― B. 粘土質

・『マノヴォ-グンダ・サン・フローリス国立公園』でアフリカゾウが減少した理由で、密猟の他に
考えられることとして、正しいものはどれか。　　　〈2点〉

[44]　① スーダンとチャドの紛争
　　　　② 国立公園内でのテーマパーク建設
　　　　③ 天然ガス採取のための大規模開発
　　　　④ 気候変動によるエサとなる植物の絶滅

▶ 山岳と関係のある遺産に関する以下の問いに答えなさい。

・『富士山－信仰の対象と芸術の源泉』に関する次の文中の語句のうち、正しくないものはどれか。

〈2点〉

富士山では、山頂や山域、山麓での修行や巡礼を通じて神仏の霊力を獲得し、「(① 擬死再生)」を成し遂げようとする独自の文化的伝統が育まれてきた。また、富士山の火口に鎮座する神を(② 浅間大神)として祀ることで富士山そのものを神聖視しており、806年には(③ 藤原不比等)によって富士山南麓に神社が築かれた。その神社を引き継ぐ富士山本宮浅間大社には(④ 木花之佐久夜毘売命)が祀られている。

[45]　　① 擬死再生　　　② 浅間大神
　　　　　③ 藤原不比等　　④ 木花之佐久夜毘売命

・『白神山地』の地層の説明として、正しいものはどれか。

〈2点〉

[46]　　① 安山岩で覆われているため水が浸み込みやすい
　　　　　② 堆積岩に覆われているため崩れやすい
　　　　　③ 地滑りを繰り返し双極子磁場となっている
　　　　　④ 3万年以上の人類の歴史を示すカルスト地形の地層が残る

・次の3つの説明文から推測される遺産として、正しいものはどれか。

〈3点〉

　　　　― ソウルの南東25kmの山岳地帯にある
　　　　― 朝鮮王朝の臨時首都が置かれた要塞である
　　　　― 日本と中国の築城技術を反映している

[47]　　① 水原の華城
　　　　　② 胡朝の要塞
　　　　　③ 古代高句麗王国の都城と古墳群
　　　　　④ 南漢山城

・『山寺(サンサ):韓国の山岳僧院群』の寺院などにある、韓国特有の「屋根のない中庭」として、正しいものはどれか。

〈2点〉

[48]　　① リュトン　　　② マル・グルジャラ
　　　　　③ マダン　　　　④ ウィディアン

・『ブルー・アンド・ジョン・クロウ山脈』の説明として、正しいものはどれか。

〈2点〉

[49]　　① モレーンと呼ばれるアフリカ系の黒人奴隷がこの地に逃れて住んでいた
　　　　　② ブルー・マウンテンとジョン・クロウ・マウンテンを含む熱帯山岳雨林である
　　　　　③ 黄色の尾を持つヘンディーウーリーモンキーなど貴重な動植物も多い
　　　　　④ カリブ海島嶼諸国で2番目の複合遺産として登録された

▶ 陵墓、墳墓、霊廟に関する以下の問いに答えなさい。

・『琉球王国のグスク及び関連遺産群』に含まれる「玉陵」の説明として、正しいものはどれか。

〈2点〉

[50]　① 第二次世界大戦の沖縄戦で倒壊し、現在は地下の墓室のみが残されている
　　　　② 伝統的な破風墓で、墓堂には東室、中室、西室が連なっている
　　　　③ 王族の遺体は北室に、豪族の遺体は南室に納められた
　　　　④ 王族の聖域である園比屋武御嶽の中にある

・『日光の社寺』の輪王寺にある墓所「慈眼堂」に祀られている人物として、正しいものはどれか。

〈2点〉

[51]　① 天海
　　　　② 勝道上人
　　　　③ 徳川家光
　　　　④ 春日局

・『百舌鳥・古市古墳群』に関し、6世紀以降あまり巨大古墳が作られなくなった理由と考えられるものとして、正しいものはどれか。

〈2点〉

[52]　① 近畿地方で建材となる巨石が採掘できなくなったため
　　　　② 政情が不安定になり、古墳が砦に転用される恐れが増したため
　　　　③ 木の文化を持つ紀州の三井氏がヤマト王権の実権をにぎったため
　　　　④ 東アジアから仏教が伝わり、天皇の陵墓を守る役割が寺院に移ったため

・『明・清時代の皇帝陵墓』の構成資産で北京市にある墓所として、正しいものはどれか。　〈2点〉

[53]　① 清西陵
　　　　② 関外三陵
　　　　③ 明十三陵
　　　　④ 明顕陵

・次の3つの説明文から推測される世界遺産として、正しいものはどれか。　〈2点〉

　　　― 紀元前4世紀末頃の人々の生活文化を今に伝える遺跡である
　　　― 第二次世界大戦中に防空壕を掘っていた兵士たちが偶然発見した
　　　― 玄室には男女2体の遺骨と色鮮やかな天井画が残されていた

[54]　① カザンラクのトラキア人の古墳
　　　　② スヴェシュタリのトラキア人の古墳
　　　　③ ハル・サフリエニの地下墳墓
　　　　④ 青銅器時代のサンマルラハデンマキ墓群

・『スクーグスシルコゴーデンの森林墓地』に関する以下の文中の語句のうち、<u>正しくないもの</u>はどれか。 〈3点〉

> 20世紀初頭に建設された、(① 自然との調和)をテーマにした共同墓地で、建設地はもともと(② 砂利採石場)もある松林だった。森林墓地は1914年にストックホルム市議会が主催した、新しい墓地を建設するための国際コンペで優勝した(③ ベルトルト・フォン・ツェーリンゲン)とシーグルド・レーヴェレンツの設計による。主要な施設である「(④ 森の火葬場)」が完成までに25年を要している。

[55]　① 自然との調和　　　　　　　　② 砂利採石場
　　　　③ ベルトルト・フォン・ツェーリンゲン　　④ 森の火葬場

▶「人間と生物圏計画(MAB計画)」に関する以下の問いに答えなさい。

・MAB計画の説明として、<u>正しくないもの</u>はどれか。 〈3点〉

[56]　① UNESCO が1971年に立ち上げた研究計画である
　　　　② 人類と環境の接点に注目し、そこでの問題の解決を目指している
　　　　③ 世界遺産条約履行のための戦略的目標に組み込まれた
　　　　④ 生物多様性と経済活動を機能的に結びつけるための研究やモニタリングが行われている

・MAB計画の生物圏保存地域に関連し、2005年に改定された作業指針の内容として、正しいものはどれか。 〈3点〉

[57]　① バッファー・ゾーンの設定に関する8項目の条件が定められた
　　　　② バッファー・ゾーンの設定が自然遺産と文化遺産双方において厳格に求められるようになった
　　　　③ 登録基準(ix)(x)で推薦する自然遺産は生物圏保存地域であることが求められるようになった
　　　　④ 自然遺産のバッファー・ゾーン内に人工物の設置が一切できないことになった

・MAB計画の生物圏保存地域に関する次の文中の空欄に当てはまる語句として、正しいものはどれか。 〈2点〉

> 日本からは、『紀伊山地の霊場と参詣道』の構成資産であるエリアを含む「大台ケ原・(　　　)・大杉谷」と「屋久島・口永良部島」などが生物圏保存地域に登録されている。

[58]　① 補陀洛山　　② 高野山　　③ 那智大滝　　④ 大峯山

・MAB計画に関連し、世界遺産において周辺での開発計画などの影響を、バッファー・ゾーンを越える一帯を含めて評価する考え方として、正しいものはどれか。 〈3点〉

[59]　① 遺産影響評価　　② 開発事前評価　　③ 景観保全評価　　④ 環境負荷評価

・『リオ・プラタノ生物圏保存地域』が危機遺産リストに記載された経緯として、正しいものはどれか。　　　　　　　　　　　　　　　　　　　　　　　〈3点〉

[60]　① キューバとの紛争の懸念からアメリカが危機遺産リスト入りを申請した
　　　　② 国内の治安悪化のため政府から危機遺産リスト入りの要請があった
　　　　③ コンゴウインコが野生種絶滅したためIUCNが危機遺産リスト入りを勧告した
　　　　④ 世界でも気候変動の影響が大きな地域の25カ所に選ばれたためUNESCOが危機遺産リスト入りを決定した

▶ 日本の文化遺産に関する以下の問いに答えなさい。

・『法隆寺地域の仏教建造物群』の東院にある夢殿の本尊で、かつて秘仏であったが、明治時代にアメリカの東洋美術史家アーネスト・フェノロサによって開扉された像として、正しいものはどれか。　　　　　　　　　　　　　　　　　　　　　　　　　　　　　〈2点〉

[61]　① 薬師如来坐像　　　　② 弥勒菩薩半跏思惟像
　　　　③ 救世観音菩薩立像　　④ 毘沙門天立像

・『北海道・北東北の縄文遺跡群』の構成資産として、<u>正しくないもの</u>はどれか。　〈2点〉

[62]　① 加曽利貝塚　　　　　② 伊勢堂岱遺跡
　　　　③ 是川石器時代遺跡　　④ 三内丸山遺跡

・『古都京都の文化財』の構成資産を創建年代が古い順に並べたものとして、正しいものはどれか。　　　　　　　　　　　　　　　　　　　　　　　　　　　　〈2点〉

[63]　① 平等院 ⇒ 二条城 ⇒ 鹿苑寺（金閣）
　　　　② 二条城 ⇒ 鹿苑寺（金閣）⇒ 平等院
　　　　③ 鹿苑寺（金閣）⇒ 平等院 ⇒ 二条城
　　　　④ 平等院 ⇒ 鹿苑寺（金閣）⇒ 二条城

・『古都奈良の文化財』で平城京の外京のエリアにある構成資産として、正しいものはどれか。　　　　　　　　　　　　　　　　　　　　　　　　　　　　　　　〈2点〉

[64]　① 唐招提寺　　　② 薬師寺
　　　　③ 元興寺　　　　④ 春日大社

・『古都奈良の文化財』のある奈良市において開催された会議で採択された「奈良文書」に関する以下の文中の空欄（　Ａ　）、（　Ｂ　）に当てはまる語句の組み合わせとして、正しいものはどれか。〈3点〉

> 奈良文書では、遺産の保存は（　Ａ　）、環境などの自然条件と、文化・歴史的背景などとの関係の中ですべきであるとされた。その文化ごとの真正性が保証される限りは、遺産の（　Ｂ　）なども可能である。

[65]　① A. 地質や生態系 ― B. 解体修復や再建　　② A. 地質や生態系 ― B. 移築や保存改築
　　　　③ A. 地理や気候 ― B. 解体修復や再建　　④ A. 地理や気候 ― B. 移築や保存改築

・『白川郷・五箇山の合掌造り集落』の家屋に特徴的な構造で、小屋組と軸組を構造的・空間的に分離させている部分として、正しいものはどれか。　　〈2点〉

[66]　① ソラアマ　　② ウスバリ
　　　　③ ハマム　　　④ アングウ

▶ 新社会人のチヒロが、大学時代の友人アシタカに書いた手紙を読んで、以下の問いに答えなさい。

> アシタカ
>
> 　久しぶり、元気？　環境省から(a)『ヨセミテ国立公園』に出向なんて本当にあるんだね！　どうせクリクリした目をキラキラさせて毎日(b)登山してるんでしょ!?　羨ましくなんかないんだから！　私なんて毎日死んだ魚のような目でPCの画面を見ながら、古い(c)マリア・ライヘの写真のゴミをレタッチしてるわよ。彼女、今年が生誕120周年で記念雑誌を作ってるんだ。彼女ほどの情熱が私にあったら今こんなところにいないのに……。
> 　ところで、今年のサークル同窓会の企画聞いた？　「年越し！　テクテク歩いて(d)城めぐりツアー！」らしいよ。年末に(e)世界遺産登録30周年を(f)『姫路城』で祝ってから、雲海で有名な竹田城跡まで歩いていって、御来光を拝むんだって。ヒイ様の計画は相変わらず無謀よね。そこから(g)彦根城まで歩くって言うからさすがに止めたわ。
> 　アシタカはちゃんと間に合うように帰国するんだよね!?　同窓会ではアシタカの一発芸(h)「モデュロール」が飛び出すのを楽しみにしてるんだから！　雨にも風にも(i)雪にも負けない丈夫なからだでヨセミテでの生活を楽しんでね。
>
> チヒロ

・下線部(a)「ヨセミテ国立公園」に関し、ヨセミテの自然保護活動に大きな役割を果たしたジョン・ミューアが唱えた説として、正しいものはどれか。　　〈2点〉

[67]　① ヨセミテの地形は氷河活動の産物であるという説
　　　　② エル・キャピタンは地殻変動により100年ほどで隆起してできたとする説
　　　　③ ハーフ・ドームは地震により半分崩れてできたとする説
　　　　④ ヨセミテ一帯は70万年前まで海中にあったとする説

・下線部(b)「登山」に関し、『サガルマータ国立公園』にあるエヴェレストへの登山者が1950年代頃から自然環境に深刻な影響を与えているため、最初の登頂者エドモンド・ヒラリーが求めたこととして、正しいものはどれか。　〈2点〉

[68]　① 登山道にIUCNの管理施設の建設
　　　　② 標高4,000m以上への登山者に環境保護税の課税
　　　　③ ヒマラヤ山脈全域の国有化
　　　　④ エヴェレストへの5年間の入山禁止

・下線部(c)「マリア・ライヘ」に関し、ライヘが保護に尽力した『ナスカとパルパの地上絵』の調査に関わった人物として、<u>正しくないもの</u>はどれか。　〈2点〉

[69]　① アルフレッド・クローバー
　　　　② ポール・コソック
　　　　③ チャールズ・ウォルコット
　　　　④ ハンス・ホルクハイマー

・下線部(d)「城」に関し、『ラジャスタンの丘陵城塞群』の説明として、正しいものはどれか。　〈2点〉

[70]　① アンベール城塞やクンバルガル城塞など8つの城塞が登録されている
　　　　② チットルガル城塞にはヴィジャイ・スタンバ(勝利の塔)が残る
　　　　③ ランタンボール城塞には王妃パドミニのためのラーニー・パドミニ宮殿が残る
　　　　④ ロータス城塞は世界最大級の岩塩鉱山の上に築かれている

・下線部(e)「世界遺産登録30周年」に関し、1993年に登録された遺産で、次の3つの説明文から推測されるものとして、正しいものはどれか。　〈3点〉

　　― 18世紀にイエズス会の宣教師フランシスコ・ハビエル・クラビヘロが発見した
　　― 先住民のコチミ族やグアチミ族の狩猟遊牧文化を今に伝えている
　　― 数人の巨人が描いたとの伝説が残る

[71]　① コア渓谷とシエガ・ベルデの先史時代の岩絵群
　　　　② チリビケテ国立公園：ジャガー崇拝の地
　　　　③ ピントゥラス川のクエバ・デ・ラス・マノス
　　　　④ サンフランシスコ山地の洞窟壁画

・下線部(f)「姫路城」の「昭和の大修理」の際に行われた、「真正性」の考え方に基づく修復の説明として、正しいものはどれか。　〈2点〉

[72]　① 石垣の一部が重量の軽い強化プラスチック構造物に置き換えられた
　　　　② 火災により焼失していた乾小天守が再建された
　　　　③ 礎石が近代技術を用いた基礎構造物に置き換えられた
　　　　④ 漆喰で城壁に埋められていた「ぬの門」が発掘され再建された

・下線部(g)「彦根城」に関し、2023年にあった出来事として、正しいものはどれか。 〈2点〉

[73] ① 世界遺産条約関係省庁連絡会議で2024年の推薦遺産に決定した
② プレリミナリー・アセスメントの申請書を提出した
③ 最短で2026年の世界遺産委員会での登録を目指すことになった
④ 松本城、松江城、犬山城と連携して推薦を行う方針が文化庁から出された

・下線部(h)「モデュロール」に関し、モデュロールを用いた設計がなされている「ル・コルビュジエの建築作品*」の「国立西洋美術館」の設計に関わったル・コルビュジエの弟子として、正しくないものはどれか。 〈2点〉

[74] ① 芦原義信
② 前川國男
③ 坂倉準三
④ 吉阪隆正

(*正式名称は『ル・コルビュジエの建築作品：近代建築運動への顕著な貢献』)

・下線部(i)「雪」に関し、万年雪が積もる玉龍雪山の麓に位置する『麗江の旧市街』についての次の文中の語句のうち、正しいものはどれか。 〈2点〉

　少数民族(① 東巴族)によって築かれた麗江の中で、世界遺産に登録されているのは、(② 双林寺の保護区)と、(③ 白沙、束河)の近郊2村。麗江の旧市街は(④ 四合五天井)と呼ばれ、かつて交易の広場だった四方街を中心に、約800年にわたって歴史を重ねてきた。

[75] ① 東巴族
② 双林寺の保護区
③ 白沙、束河
④ 四合五天井

▶宗教と関係する世界遺産に関する以下の問いに答えなさい。

・ヒンドゥー教寺院建築に関する次の文中の空欄(A)、(B)に当てはまる語句の組み合わせとして、正しいものはどれか。 〈2点〉

　ヒンドゥー教では、寺院は「(A)」と考えられている。建物の中枢となるのは神が宿るという像が安置された聖室「(B)」で、聖室がある建物はヴィマーナ(神を乗せる車)と呼ばれ本堂の役割を持つ。

[76] ① A. 神の体 ― B. マンダパ
② A. 神の体 ― B. ガルバグリハ
③ A. 神の家 ― B. マンダパ
④ A. 神の家 ― B. ガルバグリハ

・『「神宿る島」宗像・沖ノ島と関連遺産群』の「沖ノ島」において行われていたと考えられる祭祀の形態として、正しくないものはどれか。　　　　　　　　　　　　　　　　　　　　　〈2点〉

[77]　① 洞窟祭祀　　② 岩上祭祀　　③ 露天祭祀　　④ 岩陰祭祀

・『長崎と天草地方の潜伏キリシタン関連遺産』に関し、五島への潜伏キリシタン達の移民が進んだ理由のひとつとして、正しいものはどれか。　　　　　　　　　　　　　　　　　　　〈2点〉

[78]　① 五島の地形がゴルゴタの丘と似ていたこと
　　　　② 五島藩や大村藩が五島への移民を進める政策を採っていたこと
　　　　③ 五島は最初にフランシスコ・ザビエルが上陸した地であること
　　　　④ 宝暦大地震で住民が逃れたため、五島が無人島であったこと

・『聖カトリーナ修道院地域』に関する次の文中の空欄に当てはまる説明として、正しいものはどれか。　　　　　　　　　　　　　　　　　　　　　　　　　　　　　　　　　　　　　　〈2点〉

> 聖カトリーナ修道院が6世紀半ばに建てられた後、7世紀になるとシナイ半島ではイスラム教が広まったが、イスラム教の開祖であるムハンマドは（　　　　）ため、謝意を示すために聖カトリーナ修道院の一部がモスクに改修された。

[79]　① 修道士とイスラム教徒の同居を認めた
　　　　② ユダヤ教徒による修道院の破壊を止めさせた
　　　　③ キリスト教修道士の税を免除した
　　　　④ この地での布教活動を行わなかった

・次の3つの説明文から推測される世界遺産として、正しいものはどれか。　　　　　　〈2点〉

　　─ 16世紀後半〜17世紀頃に築かれた、数々の小聖堂や礼拝堂からなる山上の聖域である
　　─ イスラム教徒の勢力によりエルサレムなどへの聖地巡礼が難しくなったため、代替としてつくられた
　　─ 最も古いヴァラッロ・セジアのサクロ・モンテはエルサレムを再現したものである

[80]　① コンゴーニャスのボン・ジェズス聖域
　　　　② ブラガのボン・ジェズス・ド・モンテ聖域
　　　　③ ポレチュ歴史地区にあるエウフラシウス聖堂の司教関連建造物群
　　　　④ ピエモンテとロンバルディアのサクロ・モンテ群

・『ゲガルト修道院とアザート渓谷上流域』の地図上の位置として、正しいものはどれか。　〈 2 点 〉

[81]

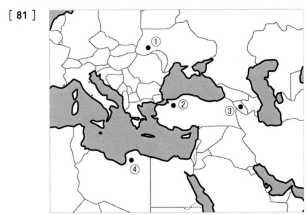

▶ 未来への教訓と考えられる遺産に関する以下の問いに答えなさい。

・『広島平和記念碑（原爆ドーム）』の世界遺産登録を目指している時、当初は国から推薦が認められなかった。考えられるその理由のひとつとして、正しいものはどれか。　〈 2 点 〉

[82]　① 戦争に関する遺産として UNESCO 本部から反対があったため
　　　　② 文化財ではないため
　　　　③ 残留放射能の影響があるため
　　　　④ 原爆ドームがアメリカ合衆国の管理下にあったため

・『オーストラリアの囚人収容所遺跡群』の構成資産として、正しくないものはどれか。　〈 2 点 〉

[83]　① ポート・アーサーの刑務所　　　② カスケーズ女子工場
　　　　③ ダーリントン保護観察所　　　　④ スウェルグフォス水力発電所

・『モスタル旧市街の石橋と周辺』に関する次の文中の語句のうち、正しいものはどれか。　〈 2 点 〉

> モスタルは、（① ビザンツ帝国）に支配された15〜16世紀に交通の要衝として発展し、この時代に街の中心にあったつり橋が（② カンチレバー式）の石橋に架け替えられた。この石橋は「（③ スターリ・モスト）（古い橋）」と呼ばれ、（④ ニコライ・ゼブジドフスキ）の設計とされる。

[84]　① ビザンツ帝国　　　② カンチレバー式
　　　　③ スターリ・モスト　④ ニコライ・ゼブジドフスキ

▶2023年9月に開催された第45回世界遺産委員会に関する以下の問いに答えなさい。

・第45回世界遺産委員会の開催に関する経緯の説明として、<u>正しくないもの</u>はどれか。　〈2点〉
[85]　① UNESCO事務局長に与えられた権限により開催国が変更された
　　　　② ロシアのウクライナ侵攻に関連して延期されていた
　　　　③ 2023年1月に開催地と日程が決定した
　　　　④ 2022年に世界遺産条約加盟国46ヵ国が世界遺産委員会開催に関する公開書簡を送った

・開催国にある世界遺産として、正しいものはどれか。　〈3点〉
[86]　① ディルムンの墳墓群
　　　　② 隊商都市ボスラ
　　　　③ バット、アル・フトゥム、アル・アインの考古遺跡
　　　　④ ディライーヤのツライフ地区

・開会に際して、UNESCOのオードレ・アズレ事務局長が連帯を呼び掛けた出来事として、正しいものはどれか。　〈2点〉
[87]　① モロッコのマラケシュ近郊を震源とする大地震
　　　　② ロシアによるオデーサ大聖堂の破壊
　　　　③ 百済の歴史地区での大雨浸水被害
　　　　④ ヴェネツィアの干ばつによる運河の水位低下

・保全状況報告が審査された日本の遺産として、<u>正しくないもの</u>はどれか。　〈3点〉
[88]　① 明治日本の産業革命遺産　製鉄・製鋼、造船、石炭産業
　　　　② 長崎と天草地方の潜伏キリシタン関連遺産
　　　　③ ル・コルビュジエの建築作品：近代建築運動への顕著な貢献
　　　　④ 琉球王国のグスク及び関連遺産群

・新たに危機遺産リストに記載された遺産として、正しいものはどれか。　〈2点〉
[89]　① コソボの中世建造物群　　② グレート・バリア・リーフ
　　　　③ ヴェネツィアとその潟　　④ リヴィウ歴史地区

・危機遺産リストから脱することができた遺産として、正しいものはどれか。　〈2点〉
[90]　① カスビのブガンダ王国の王墓　　② アスキア墳墓
　　　　③ ガダーミスの旧市街　　④ エッサウィーラ（旧名モガドール）の旧市街

過去問題

2級

過去問題 2級

| 2023年3月 | 実施 |

認定率・講評

〈 集計データ 〉

最高点	最低点	平均点	認定点	受検者数	認定者数	認定率
99点	23点	64.5点	60点	823人	499人	60.6%

〈 得点分布図 〉

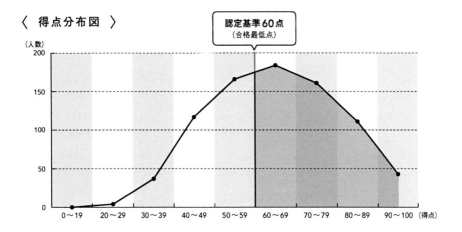

認定基準60点
（合格最低点）

（人数）

200
150
100
50
0

0〜19　20〜29　30〜39　40〜49　50〜59　60〜69　70〜79　80〜89　90〜100　（得点）

— 講 評 —

平均点は64.5点、認定率は60.6％と、前回（2022年12月検定）と比べて上昇しました。
正答率が最も高かったのは「世界遺産基金」の用途として、正しくないものを尋ねる問題でした。「潜伏キリシタン」の説明問題も次に正答率が高く9割台でした。一方で正答率が低かったのは、『エヴァーグレーズ国立公園』の説明として正しくないものを選ぶ問題や、登録基準（ⅲ）が認められている遺産として正しくないものを選ぶ問題でした。2級レベルではどの登録基準が認められているかも問われます。『エヴァーグレーズ国立公園』は全米最大の湿原地域で世界最大の淡水湿地ではありません。太字部分は間違えず覚えるようにしましょう。

▶ 世界遺産条約に関する次の文章を読んで、以下の問いに答えなさい。

> 　(a)世界遺産条約(世界の文化遺産及び自然遺産の保護に関する条約)では、「顕著な普遍的価値」があり、「完全性」や(b)真正性が明らかなものが「世界遺産リスト」に記載されることが定められている。また、(c)世界遺産基金を設けることなども定められている。

・下線部(a)「世界遺産条約」の説明として、正しいものはどれか。　　　　　〈2点〉

[1]　　① 遺産を推薦できるのはユネスコ加盟国のみであることが定められている
　　　　　② 世界遺産を社会生活から切り離して保護するという方針が書かれている
　　　　　③ 締約国による教育・広報活動の重要性については触れられていない
　　　　　④ 遺産保護のための国内機関の設置などが定められている

・同じく下線部(a)「世界遺産条約」に関連する出来事を起こった年代順に並べたものとして、正しいものはどれか。　　　　　〈2点〉

　　　A．ICCROMの設立
　　　B．世界最初の世界遺産12件の誕生
　　　C．ユネスコの設立
　　　D．国連人間環境会議の開催

[2]　　① A⇒B⇒C⇒D
　　　　　② A⇒D⇒C⇒B
　　　　　③ C⇒A⇒D⇒B
　　　　　④ C⇒B⇒A⇒D

・下線部(b)「真正性」に関し、1964年に採択された真正性の概念を示した憲章として、正しいものはどれか。　　　　　〈1点〉

[3]　　① アテネ憲章
　　　　　② ユネスコ憲章
　　　　　③ 国連憲章
　　　　　④ ヴェネツィア憲章

・下線部(c)「世界遺産基金」の用途として、正しくないものはどれか。　　　　　〈2点〉

[4]　　① 大規模な災害や紛争による被害への「緊急援助」
　　　　　② 観光的魅力を発信して経済活性化を狙う「観光援助」
　　　　　③ 専門家や技術者の派遣や保全に関する技術提供のための「保全・管理援助」
　　　　　④ 推薦書や暫定リストなどを作成するための「準備援助」

▶ 世界遺産の申請・登録に関する以下の問いに答えなさい。

・世界遺産登録の流れに関する次の文中の語句で、正しいものはどれか。　　　〈2点〉

> 自国の文化財や自然環境の世界遺産登録を目指す国は、暫定リストを作成し、そのなか
> から要件が整ったものを推薦することができる。1国の推薦上限は文化遺産・自然遺産
> （① それぞれ1件）とされている。その際には（② 6月1日）までに、推薦書を（③ 世界遺産
> 議長国）に提出しなければならない。そうして基本的に（④ 推薦書提出期限の翌年）に開催
> される世界遺産委員会で審議が行われ、決議される。

[5]　① それぞれ1件
　　　　② 6月1日
　　　　③ 世界遺産議長国
　　　　④ 推薦書提出期限の翌年

・世界遺産委員会に諮問機関として参加する「ICOMOS」の正式名称として、正しいものはどれか。
　　　　　　　　　　　　　　　　　　　　　　　　　　　　　　　　　　　〈2点〉

[6]　① 国際記念物遺跡会議
　　　　② 文化財の保存及び修復の研究のための国際センター
　　　　③ 国際自然保護連合
　　　　④ 文化財保全連絡会議

・「グローバル・ストラテジー」の説明として、正しいものはどれか。　　　〈1点〉

[7]　① 世界遺産への推薦件数を増やすための戦略である
　　　　② 観光資源としての世界遺産の価値を向上させるための戦略である
　　　　③ 世界遺産リストの代表性や信用性を確保するための戦略である
　　　　④ 各国の世界遺産登録数を統一するための戦略である

▶ 世界遺産委員会に関する以下の問いに答えなさい。

・2021年の世界遺産委員会で登録された『北海道・北東北の縄文遺跡群』の説明として、正しいも
のはどれか。　　　　　　　　　　　　　　　　　　　　　　　　　　　　〈2点〉

[8]　① 北海道、青森県、秋田県、宮城県にまたがるシリアル・ノミネーション・サイトである
　　　　② 日本で初めての複合遺産として登録された
　　　　③ 構成資産には大湯環状列石が含まれる
　　　　④ 構成資産には、独自の生態系を育む広大な山岳地帯が含まれる

・2021年に世界遺産に登録された『奄美大島、徳之島、沖縄島北部及び西表島』に関し、登録エリアに生息する絶滅危惧種として、<u>正しくないもの</u>はどれか。　　〈2点〉

[9]　① アマミノクロウサギ
　　　　② シマフクロウ
　　　　③ イリオモテヤマネコ
　　　　④ ヤンバルクイナ

・2022年の世界遺産委員会に関する説明として、正しいものはどれか。　　〈2点〉

[10]　① 史上初めて、オンライン形式で開催された
　　　　② 6月に開催予定だったが延期された
　　　　③ 開催地が直前でカナダのケベックに変更になった
　　　　④ 会期を大幅に短縮し、最低限の議題のみ話し合われた

▶登録基準に関する以下の問いに答えなさい。

・登録基準(ⅲ)の説明として、正しいものはどれか。　　〈2点〉

[11]　① 独自の伝統的集落や、人類と環境の交流を示す遺産である
　　　　② 文化交流を証明する遺産である
　　　　③ 人類の創造的資質を示す遺産である
　　　　④ 文明や時代の証拠を示す遺産である

・登録基準(ⅲ)が認められている遺産として、<u>正しくないもの</u>はどれか。　　〈2点〉

[12]　① キレーネの考古遺跡
　　　　② ラジャスタンの丘陵城塞群
　　　　③ カステル・デル・モンテ
　　　　④ アスマラ：アフリカのモダニズム都市

・登録基準(ⅲ)が認められている『百舌鳥・古市古墳群』に関し、1955年に開発によって取り崩しの危機にあったが、市民を中心とした保護運動によって守られた古墳として、正しいものはどれか。
　　〈2点〉

[13]　① 誉田丸山古墳
　　　　② 履中天皇陵古墳
　　　　③ いたすけ古墳
　　　　④ 中山塚古墳

▶ 信仰・宗教に関する以下の問いに答えなさい。

・『平泉―仏国土(浄土)を表す建築・庭園及び考古学的遺跡群―』に関する次の文中の空欄（ A ）、
（ B ）に当てはまる語句の組み合わせとして、正しいものはどれか。　　　　　　〈2点〉

> 平泉の地に極楽浄土を創り上げるという奥州藤原氏の思想は、11〜12世紀にかけて代々
> の当主に受け継がれた。最盛期を築いた3代目の藤原（ A ）の時代には、京都の平等院
> 鳳凰堂を模した（ B ）が築かれた。

[14] 　① A. 泰衡 ― B. 観自在王院　　　② A. 泰衡 ― B. 無量光院
　　　　　③ A. 秀衡 ― B. 観自在王院　　　④ A. 秀衡 ― B. 無量光院

・『長崎と天草地方の潜伏キリシタン関連遺産』に関し、「潜伏キリシタン」の説明として、正しいも
のはどれか。　　　　　　〈1点〉

[15] 　① 海禁政策(鎖国)によって日本に取り残されたキリスト教の人々
　　　　　② キリシタン大名の家臣として布教を続けた人々
　　　　　③ 宗教改革の後もカトリックの信仰を続けた人々
　　　　　④ 禁教期に密かにキリスト教信仰を続けた人々

・『「神宿る島」宗像・沖ノ島と関連遺産群』に関し、沖ノ島の説明として、<u>正しくないもの</u>はどれか。
　　　　　　〈1点〉

[16] 　① 航海の安全を祈る場所であった
　　　　　② 「銅鏡」など、約8万点もの各時代の貴重な奉献品が発見された
　　　　　③ 島自体をご神体とする信仰の中で上陸が禁忌とされてきた
　　　　　④ 巨岩の上で祭祀を行う「岩上祭祀」が4世紀から約500年もの間継続して行われた

・『リラの修道院』に関し、この地で隠遁生活を送り、修道
院ができるきっかけをつくった人物として、正しいものはど
れか。　　　　　　〈1点〉

[17] 　① ドミニクス・ツィンマーマン
　　　　　② イワン・リルスキー
　　　　　③ ジョルジュ・オスマン
　　　　　④ ヨセフ・フラヴカ

・『ハイファと西ガリラヤのバハイ教聖所群』の説明として、<u>正しくないもの</u>はどれか。　　〈1点〉

[18] 　① この地域には、19世紀にバーブ教から独立したバハイ教の聖地が11ヵ所存在する
　　　　　② 世界中に500万人もの信者がおり、その多くが毎年巡礼に訪れる
　　　　　③ 構成資産にはバハイ教の創始者バハウッラーの霊廟も含まれる
　　　　　④ 緊急的登録推薦によって世界遺産リストに登録された

・『エローラーの石窟寺院群』に関する次の英文の空欄に当てはまる語句として、正しいものはどれか。
〈1点〉

  Ellora is one of the largest rock-cut monastery-temple cave complexes in the
  world. It illustrates the spirit of (   ) that was characteristic of ancient India.

[19]　① bitterness
　　　　② angriness
　　　　③ tolerance
　　　　④ delightedness

▶ 関西の文化遺産に関する以下の問いに答えなさい。

・『古都京都の文化財』の構成資産で、788年に最澄が建てた草庵を起源とする寺院として、正しいものはどれか。
〈1点〉

[20]　① 延暦寺
　　　　② 清水寺
　　　　③ 鹿苑寺
　　　　④ 龍安寺

・『法隆寺地域の仏教建造物群』に含まれる法隆寺の五重塔の説明として、正しいものはどれか。
〈1点〉

[21]　① 現存する世界最大の木造建築である
　　　　② 上に行くほど屋根は大きくなっている
　　　　③ 塔の中心にはヒノキの「心柱」が通っている
　　　　④ 天武天皇が皇后の病気平癒を願い建立した

・『姫路城』と池田輝政の関わりとして、正しいものはどれか。
〈1点〉

[22]　① 姫山と呼ばれる地に、のちの城郭の前身となる砦を築いた
　　　　② 3層の天守閣を建設した
　　　　③ 外観5層の大天守を中心とする天守群を築いた
　　　　④ 西の丸を整備した

▶ 負の遺産に関する以下の問いに答えなさい。

・『広島平和記念碑（原爆ドーム）』に関する、戦後に起きた出来事として、正しいものはどれか。

〈1点〉

[23] 　① 悲惨な出来事を思い出したくないという地域住民によって外壁が取り壊された
　　　　② 1952年の大型台風による被害のため一度崩壊したが、その後再建された
　　　　③ 広島市議会が永久保存を決定した
　　　　④ 世界遺産委員会での登録の審議では、アメリカと中国が登録決議に反対した

・『オーストラリアの囚人収容所遺跡群』に関する次の文中の空欄（　A　）、（　B　）に当てはまる
語句の組み合わせとして、正しいものはどれか。

〈2点〉

> （　A　）はオーストラリア大陸において、刑場をともなった植民地を拡大させており、先住
> 民である（　B　）は居住地を追われることとなった。

[24] 　① A. 大英帝国 ― B. アボリジニ　　　　② A. 大英帝国 ― B. マオリ
　　　　③ A. スペイン帝国 ― B. アボリジニ　　④ A. スペイン帝国 ― B. マオリ

▶ オランダ旅行中、風車を見学に来た父のマサキと娘のユキの会話を読んで、以下の問いに答え
なさい。

ユ　キ：お父さん見て！　大きな風車がたくさんあるよ。
マサキ：立派だね。この辺りの風車は(a)18世紀に建てられた
　　　　ものなんだ。これらは水を(b)海に排水するための設
　　　　備なんだけど、(c)住宅にもなっていて、人が暮らして
　　　　いるものもあるんだよ。って、これは、さっきガイドさ
　　　　んに聞いた話だけどね。

ユ　キ：なんだ、受け売りじゃないの。それなら、私もガイドさ
　　　　んに教えてもらったよ。風車の後ろに広がる牧草地は昔、(d)ライン川の河口の(e)湿地
　　　　だったんだって。風車で水をかき出すことで、今みたいな牧草地になったんだね。
マサキ：父さんより詳しいじゃないか。それにしても、イメージしていた通りの風景だね。旅行先
　　　　をオランダにしてよかった。
ユ　キ：次は(f)アムステルダムね。ユネスコの(g)「世界の記憶」にも登録されている『アンネの
　　　　日記』の著者アンネ・フランクの家を見てみたいな。
マサキ：よし！　じゃあ、風車のある風景をしっかり堪能したら、次の計画を立てよう！

・下線部（a）「18世紀」に関し、18世紀半ばに都市が復興した『アッコの旧市街』の説明として、正しいものはどれか。　　　　　　　　　　　　　　　　　　　　　　　　　　　　　〈2点〉

[25]　① テンプル騎士団によって築かれたマヌエル様式の都市である
　　　　② 十字軍の遺構の上に築かれた城塞都市である
　　　　③ 騎士が用いる言語別に建てられた7つの館がある
　　　　④ オスマン帝国にロドス島を追われた聖ヨハネ騎士団が新たな拠点とした

・下線部（b）「海」に関し、『ジャイアンツ・コーズウェイとその海岸』で見られるものとして、正しいものはどれか。　　　　　　　　　　　　　　　　　　　　　　　　　　　　　　〈2点〉

[26]　① 8kmにわたって続く正六角形の石柱
　　　　② 中生代白亜紀の地層
　　　　③ 隕石が生んだ岸壁
　　　　④ モレーンなどの独特の地形

・下線部（c）「住宅」に関し、日干しレンガを使った6,000棟もの高層住宅が残る『サナアの旧市街』に関する次の文中の空欄に当てはまる語句として、正しいものはどれか。　　　　〈2点〉

> 世界最古の都市のひとつとされるサナアは、紀元前10世紀頃にはすでに（　　　　）によって発展していた。その後，エチオピアやビザンツ帝国、オスマン帝国などの支配を受け、イスラムの強い影響を受けながらも独自の文化を発展させていった。

[27]　① 乳香交易
　　　　② 武器交易
　　　　③ 奴隷交易
　　　　④ 金の交易

・下線部（d）「ライン川」をはさんでドイツと国境を接する『ストラスブール：グラン・ディルからヌースタットのヨーロッパの都市景観』に関し、ストラスブールのドイツ語の意味として、正しいものはどれか。　　　　　　　　　　　　　　　　　　　　　　　　　　　　　　〈2点〉

[28]　① 鉱山の街
　　　　② 商業の街
　　　　③ 街道の街
　　　　④ 製造の街

・下線部(e)「湿地」を含む『ジュジ国立鳥類保護区』で見られる野鳥として、正しいものはどれか。

〈2点〉

[29]　① ハクトウワシ
　　　　② ルリカケス
　　　　③ コンゴウインコ
　　　　④ モモイロペリカン

・下線部(f)「アムステルダム」に関し、『アムステルダム中心部：ジンフェルグラハト内部の17世紀の環状運河地区』の説明として、正しいものはどれか。

〈2点〉

[30]　① 上空から見ると飛行機形になるパイロット・プランに沿って主要建築物が設計されている
　　　　② 大規模な都市計画の見本として、世界の都市計画に影響を与えた
　　　　③ 時計製造という単一工業に特化した独自の都市開発が行われた
　　　　④ 現地を知らない役人が机上で計画都市をつくり上げた

・下線部(g)「世界の記憶」に日本から登録されているものとして、正しいものはどれか。　〈2点〉

[31]　① 浄土宗大本山増上寺三大蔵
　　　　② 訓民正音解例本
　　　　③ 本草綱目
　　　　④ 山本作兵衛の筑豊炭坑画

▶ 文化的景観に関する以下の問いに答えなさい。

・文化的景観の3つのカテゴリーの1つ「有機的に進化する景観」の説明として、正しいものはどれか。

〈2点〉

[32]　① 社会や経済、政治、宗教などの要求によって生まれ、自然環境に対応して形成された景観
　　　　② 庭園や公園、宗教的空間など、人間によって意図的に設計され創造された景観
　　　　③ 動植物の生長により常に変化している景観
　　　　④ 宗教的、芸術的、文学的な要素と強く結びついた景観

・『石見銀山遺跡とその文化的景観』の構成資産として、正しくないものはどれか。　〈2点〉

[33]　① 有力商人の生活を伝える町家建築
　　　　② 石見銀山とその周辺150余りの村を支配した代官所跡
　　　　③ 産出した銀を運んだ鉄道路線跡
　　　　④ 銀山の安泰を願いつくられた信仰関連遺跡

・『リヒタースフェルドの文化的及び植物学的景観』に関し、リヒタースフェルドで暮らす民族として、正しいものはどれか。　　　　　　　　　　　　　　　　　　　　〈2点〉

[34]　　① ナマ族　　　② ハニ族　　　③ イフガオ族　　　④ コアウイルテカン族

▶ 建築に関する以下の問いに答えなさい。

・『ル・コルビュジエの建築作品：近代建築運動への顕著な貢献』に関し、国立西洋美術館の天井の高さなどを決めるのに用いられている、ル・コルビュジエ独自の寸法として、正しいものはどれか。　　　　　　　　　　　　　〈1点〉

[35]　　① ゲザムトクンストヴェルク
　　　　　② ディアスポラ
　　　　　③ モデュロール
　　　　　④ トラナ

・『アントニ・ガウディの作品群』の説明として、正しくないものはどれか。　　〈2点〉

[36]　　① 構成資産には、ガウディが手がけた建造物7件が含まれる
　　　　　② ガウディが活躍したバルセロナでは19世紀末から20世紀初頭にかけてモデルニスモが開花した
　　　　　③ ガウディは植物や生物の形から着想を得てデザインを生み出した
　　　　　④ サグラダ・ファミリア贖罪聖堂は未完成ながらも、建物すべてが世界遺産に登録されている

▶ 特徴的な建物に関する以下の問いに答えなさい。

・以下の3つの説明文から推測される世界遺産として、正しいものはどれか。　　〈1点〉
　　　　── アール・ヌーヴォーの先駆けとなった4棟が登録されている
　　　　── 植物的な曲線装飾が取り入れられている
　　　　── 石造りが主流の時代に、鉄やガラスを積極的に用いた構造が特徴的である

[37]　　① ベルリンのモダニズム公共住宅
　　　　　② ファン・ネレ工場
　　　　　③ バウハウス関連遺産群：ヴァイマールとデッサウ、ベルナウ
　　　　　④ 建築家ヴィクトール・オルタによる主な邸宅（ブリュッセル）

・『ヴュルツブルクの司教館と庭園群』に取り入れられているバロック様式の説明として、正しいものはどれか。　〈2点〉

[38] 　① 過剰な装飾や凹凸の強調、絵画などによる内装を特徴とする
　　　　② 石造りの厚い壁や小さな窓、半円アーチ構造の天井などが特徴である
　　　　③ 高い土木技術を用いたアーチ構造やドーム天井が特徴である
　　　　④ 幾何学図形を基調としたバランスの取れた造形が特徴である

▶ **産業遺産に関する以下の問いに答えなさい。**

・『サラン・レ・バン大製塩所からアルケ・スナン王立製塩所までの天日塩生産所』に関し、アルケ・スナン王立製塩所を設計した人物として、正しいものはどれか。　〈1点〉

[39] 　① ルシオ・コスタ
　　　　② クロード・ニコラ・ルドゥー
　　　　③ ヤン・レツル
　　　　④ フランシスコ・デ・テンブレケ

・『明治日本の産業革命遺産　製鉄・製鋼、造船、石炭産業』に関し、トーマス・グラバーが佐賀藩とともに長崎に開発した、日本ではじめて蒸気機関が導入された産業施設として、正しいものはどれか。　〈2点〉

[40] 　① 官営八幡製鐵所
　　　　② 韮山反射炉
　　　　③ 高島炭坑
　　　　④ 三菱長崎造船所ジャイアント・カンチレバークレーン

・『ペルシア湾の真珠産業関連遺産：島嶼経済の証拠』を保有する国として、正しいものはどれか。　〈2点〉

[41] 　① カザフスタン共和国
　　　　② バーレーン王国
　　　　③ オマーン国
　　　　④ トルクメニスタン

▶ 日本に留学中の中国人学生が、ふるさとの友人に送った手紙を読んで、以下の問いに答えなさい。

ユーシュエンへ
コンニチハ！　そちらのみんなは元気にしてますか？　日本
はそろそろ桜の季節です。すっかり暖かくなってきたので、
先週は留学先の京都から少し足をのばして、奈良に行きまし
た。この奈良という街は、京都と並ぶ日本の古都です。実際
に行ってみると(a)シカが街のいたるところにいて面白かっ
た！　8世紀にこの地に築かれた「平城京」は、（　43　）を
モデルに築かれたんだって。今は朱雀門や大極殿といった当
時の建物も(b)復元されており、かつての姿をしのばせてい

ます。ここが都だった時代から残る唐招提寺も、(c)唐から来日した鑑真が創建した、中国とゆか
りが深い寺院だよ。鑑真は何度も日本への渡航に失敗して、ようやく日本の(d)屋久島に上陸で
きたんだって。すごい情熱だね。古くから（　47　）の聖地だったことでも知られる吉野・大峯に
も行きたかったんだけど、奈良からは少し距離があるので今回はおあずけです。次回、行くことが
できたら、また報告します。それでは。

・下線部(a)「シカ」に関し、シカの骨などの化石が出土している『人類化石出土のサンギラン遺跡』
で化石が発見された初期人類として、正しいものはどれか。　　　　　　　　　　　　　〈2点〉

[42]　① ジャワ原人
　　　　② クロマニョン人
　　　　③ ネアンデルタール人
　　　　④ フロレス原人

・文中の空欄（　43　）に当てはまる語句として、正しいものはどれか。　　　　　　　〈2点〉

[43]　① 長安
　　　　② 洛陽
　　　　③ 北京
　　　　④ 南京

・下線部(b)「復元」に関し、住居などの建物が復元されている『ランス・オー・メドー国立歴史公園』
の説明として、正しいものはどれか。　　　　　　　　　　　　　　　　　　　　　　　〈2点〉

[44]　① アメリカ合衆国の遺産である
　　　　② 先住民であるアナサジ族が築いた住居跡が残る
　　　　③ 16世紀のスペインの侵略で焼き払われ廃墟となった
　　　　④ 西暦1000年ごろに北欧から渡来したヴァイキングの集落跡である

・下線部（b）「唐」の玄宗が改名した『黄山』に関する以下の文中の空欄に当てはまる語句として、正しいものはどれか。〈2点〉

> 古代中国の伝説の王である黄帝が仙人となった場所とされ、道教および仏教の聖地として信仰を集める。中国の芸術・文化にも多大な影響を与えた景観は、「（　　　　）」とも呼ばれる。

[45]　① 黄山三景
　　　　② 黄山四絶
　　　　③ 黄山六桂
　　　　④ 黄山八海

・下線部（d）「屋久島」に関し、日本の自然遺産のなかで唯一、登録基準（ⅶ）が認められている屋久島で高く評価された自然環境として、正しいものはどれか。〈1点〉

[46]　① 屋久杉がつくり出す森林景観
　　　　② 今も続く土地の隆起がつくり上げた独特の地形
　　　　③ 多くの海生哺乳類が生息する海域
　　　　④ 石灰岩台地の風化でできた島々

・文中の空欄（　47　）に当てはまる語句として、正しいものはどれか。〈1点〉

[47]　① 修験道
　　　　② 即身成仏
　　　　③ 禅宗
　　　　④ 浄土真宗

▶ 山、山岳地帯に関する以下の問いに答えなさい。

・『白神山地』に生息する、絶滅危惧種に指定されている鳥類として、正しいものはどれか。

〈1点〉

[48]　① タンチョウ
　　　　② クマゲラ
　　　　③ トキ
　　　　④ キンバト

・『富士山－信仰の対象と芸術の源泉』に関する次の文中の語句で、正しくないものはどれか。

〈2点〉

> 富士山は噴火を繰り返す火山として恐れられるいっぽう、多くの人々に敬われてきた。噴火を鎮めるために(① 浅間神社)が建立され、噴火活動が沈静化したのちは(② 修験道)の霊場としても知られるようになった。富士山の荘厳な景観は芸術や文学作品にも多大な影響を及ぼし、(③ 歌川広重)の「富嶽三十六景」のモチーフになったほか、(④ 万葉集)にも富士山を詠んだ歌が収められている。

[49] 　① 浅間神社
　　　　② 修験道
　　　　③ 歌川広重
　　　　④ 万葉集

・『カムチャッカ火山群』の説明として、正しくないものはどれか。

〈2点〉

[50] 　① ヴルカーノ島やストロンボリ島などの島々からなる
　　　　② 6つの火山が世界遺産登録されている
　　　　③ ユーラシア大陸から孤立している
　　　　④ ヘラジカ、ヒグマ、カラマツ、モミなどの動植物も見られる

・『グアナフアトの歴史地区と鉱山』に関する以下の文中の空欄に当てはまる語句として、正しいものはどれか。

〈2点〉

> メキシコ中部に位置し、「(　　　　)」から寄進された聖母像を祀るサンタ・マリア・デ・グアナフアト聖堂が建つ。

[51] 　① ジョルジュ・オスマン
　　　　② ヴラド3世
　　　　③ フェリペ2世
　　　　④ フリードリヒ2世

▶危機遺産に関する以下の問いに答えなさい。

・以下の3つの説明文から推測される世界遺産として、正しいものはどれか。

〈2点〉

　　　― 4世紀半ばまで地中海貿易の中心都市として繁栄した
　　　― 太陽神アポロンに捧げる神殿などが建造された
　　　― 2016年より危機遺産リストに登録されている

[52] 　① ブトリントの考古遺跡
　　　　② トロイアの考古遺跡
　　　　③ デルフィの考古遺跡
　　　　④ キレーネの考古遺跡

・『聖都アブー・メナー』の地図上の位置として、正しいものはどれか。 〈2点〉

[53]

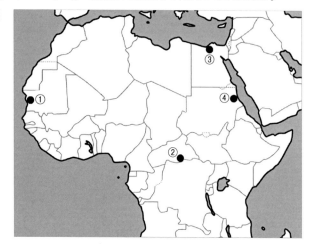

・『エヴァーグレーズ国立公園』の説明として、<u>正しくないもの</u>はどれか。 〈2点〉

[54] 　① 世界最大の淡水湿地である
　　　　② ハンモックと呼ばれる大小の島々にマホガニーなどが生い茂った森がある
　　　　③ 湿原下流にはマングローブが広がり、カニや小魚、ワニ、鳥類の生息地となっている
　　　　④ 2007年に一度危機遺産リストを脱したが、2010年に再び危機遺産登録された

・2021年の世界遺産委員会で登録を削除された遺産として、正しいものはどれか。 〈2点〉

[55] 　① コロとその港
　　　　② アラビアオリックスの保護地区
　　　　③ リヴァプール海商都市
　　　　④ ドレスデン・エルベ渓谷

▶ 世界遺産の登録基準(ix)に関する以下の問いに答えなさい。

・『知床』に関する次の文中の空欄（　A　）、（　B　）に当てはまる語句の組み合わせとして、正しいものはどれか。 〈2点〉

　『知床』でみられる食物連鎖は、プランクトンや小魚から（　A　）やアザラシなどの海生哺乳類、陸に生息する（　B　）などの陸生哺乳類を含んだ、海と陸が連続する特異な生態系を育んでいる。

[56] 　① A. トド ─ B. ヒグマ 　　　　② A. トド ─ B. シロクマ
　　　　③ A. バンドウイルカ ─ B. ヒグマ 　　④ A. バンドウイルカ ─ B. シロクマ

・『小笠原諸島』において、次の中で最も高い固有率を示している
植物として、正しいものはどれか。　　　　　　　　〈1点〉

[57]　① 維管束植物
　　　　② コケ植物
　　　　③ 腐生植物
　　　　④ 地衣植物

・『マルペロ動植物保護区』の説明として、正しいものはどれか。　　　　　　　〈1点〉

[58]　① コスタリカ共和国が保有する世界遺産である
　　　　② 世界最大のリクガメであるアルダブラゾウガメが10万頭生息する
　　　　③ マルペロ島とその周辺海域は、巨大な禁漁区となっている
　　　　④ 世界最大のコククジラの繁殖地である

・『シャーク湾』に関する次の文中の空欄に当てはまる語句として、正しいものはどれか。　〈1点〉

> オーストラリア西岸の陸地と2万2,000k㎡にわたる海域が登録範囲となっている。このあ
> たりは世界最大の海草藻場としても知られ、世界各地で化石が発見されている（　　　）が
> 現生する。

[59]　① フタゴヤシ
　　　　② フィンボス
　　　　③ ナラオイア
　　　　④ ストロマトライト

▶以下の問いに答えなさい。

・2023年1月時点でロシア連邦からの軍事侵攻を受けているウクライナの『リヴィウ歴史地区』に
関する説明として、正しいものはどれか。　　　　　　　　　　　　　　〈2点〉

[60]　① チェコの建築家ヨセフ・フラヴカによって設計された
　　　　② 建造物は東欧の伝統的な様式に加えてイタリアやドイツの様式が混在している
　　　　③ ヤロスラフ賢公によって建設された聖ソフィア聖堂がある
　　　　④ リンクシュトラーセと呼ばれる環状道路がひかれている

過去問題

認定率・講評

〈 集計データ 〉

最高点	最低点	平均点	認定点	受検者数	認定者数	認定率
98点	18点	62.3点	60点	861人	481人	55.9%

〈 得点分布図 〉

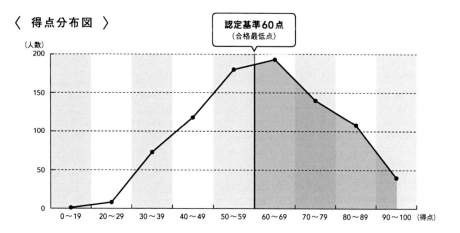

認定基準60点
（合格最低点）

（人数）
0〜19 / 20〜29 / 30〜39 / 40〜49 / 50〜59 / 60〜69 / 70〜79 / 80〜89 / 90〜100 （得点）

— 講 評 —

平均点は62.3点、認定率は55.9％と、前回（23年3月検定）よりも下がりましたが、例年並みの水準です。正答率が最も高かったのは、『屋久島』の説明問題で正答率は9割台でした。『白川郷・五箇山の合掌造り集落』に関する文章問題も次に正答率が高くなりました。一方で正答率が低かったのは、2022年に無形文化遺産に登録された「風流踊」に含まれる踊りを尋ねる問題や、『ル・コルビュジエの建築作品：近代建築運動への顕著な貢献』の構成資産とその保有国の組み合わせを選択する問題でした。日本から登録された無形文化遺産はニュースでもよく報道されますので、しっかり勉強しておきましょう。

▶ 世界遺産条約に関する次の文章を読んで、以下の問いに答えなさい。

記念建造物や遺跡、自然環境などを、人類共通の財産である「(a) 世界遺産」として保護し、次の世代に伝えていく取り組みが(b) 世界遺産条約である。世界遺産登録を目指す物件の推薦書を受理した世界遺産センターは、文化遺産であればICOMOS、自然遺産の場合は(c) IUCN に専門調査を依頼する。世界遺産登録の概念は時代とともに変化しており、1992年には人間が自然と共につくり上げた景観を指す概念である(d) 文化的景観が採択された。また、1994年には世界遺産リストの不均衡を是正するための戦略である(e) グローバル・ストラテジーが採択されている。

・下線部(a)「世界遺産」に関連する出来事を起こった年代順に並べたものとして、正しいものはどれか。 〈2点〉

    A. ICOMOSの設立
    B. ストックホルムで国連人間環境会議の開催
    C. アテネ憲章の採択
    D. ユネスコの世界遺産センター設立

[1]　　①B⇒A⇒C⇒D
　　　　②B⇒D⇒C⇒A
　　　　③C⇒B⇒D⇒A
　　　　④C⇒A⇒B⇒D

・下線部(b)「世界遺産条約」の説明として、正しいものはどれか。 〈2点〉

[2]　　① 全ての国連加盟国は世界遺産条約を締結する義務がある
　　　　② 世界遺産基金の設立を定めている
　　　　③ 文化財保護と自然保護は別々の枠組みで行うことを明確に定めている
　　　　④ 世界遺産の観光活用の重要性が書かれている

・下線部(c)「IUCN」に関し、正式名称(　A　)と、本部の場所(　B　)の組み合わせとして、正しいものはどれか。 〈1点〉

[3]　　① A. 国際環境保全連盟 ― B. スイスのグラン
　　　　② A. 国際環境保全連盟 ― B. イタリアのローマ
　　　　③ A. 国際自然保護連合 ― B. スイスのグラン
　　　　④ A. 国際自然保護連合 ― B. イタリアのローマ

・下線部(d)「文化的景観」のカテゴリーのひとつである「関連する景観」の説明として、正しいものはどれか。 〈2点〉

[4]　　① 宗教的、芸術的、文学的な要素と強く関連する景観
　　　　② 社会や経済、政治、宗教などの要求によって生まれ、自然環境に対応して形成された景観
　　　　③ 意図的に設計され創造された景観
　　　　④ 経済活動や都市開発と強く関連した景観

2023年7月検定

・下線部 (e)「グローバル・ストラテジー」の説明として、正しいものはどれか。 〈2点〉

[5]　　① 文化遺産のみに適用される戦略である
　　　　② 危機遺産の登録数を減らしていくことを目標とした戦略である
　　　　③ 世界遺産の過度な増加を抑制する方針を定めている
　　　　④ 先史時代や現代の遺産の登録強化などを挙げている

▶ 世界遺産委員会に関する以下の問いに答えなさい。

・世界遺産委員会の説明として、正しいものはどれか。 〈2点〉

[6]　　① 通常1年に2度開催される政府間委員会である。
　　　　② 世界遺産及び世界遺産条約の広報活動などを行う
　　　　③ 委員会は11ヵ国で構成される。
　　　　④ 推薦された遺産を、「登録」「情報照会」「登録延期」「不登録」の4段階で決議する

・2023年の9月に開催が予定されている「第45回世界遺産委員会」の開催場所として、正しいものはどれか。 〈2点〉

[7]　　① サウジアラビア王国のリヤド
　　　　② ポーランド共和国のクラクフ
　　　　③ ニュージーランドのクライストチャーチ
　　　　④ トルコ共和国のイスタンブル

・2021年の世界遺産委員会で登録された『北海道・北東北の縄文遺跡群』の説明として、正しいものはどれか。 〈2点〉

[8]　　① 北海道、青森県、福島県の1道2県に点在する遺産である
　　　　② 大型の掘立柱建物が作られた当時のまま残されている
　　　　③ 構成資産には大湯環状列石が含まれる
　　　　④ 希少な固有種が生息する山岳地帯も含む複合遺産として登録された

▶ 登録基準に関する以下の問いに答えなさい。

・登録基準 (ⅳ) の説明として、正しいものはどれか。 〈2点〉

[9]　　① 独自の伝統的集落や、人類と環境の交流を示す遺産である
　　　　② 人類の創造的資質を示す遺産である
　　　　③ 文化交流を証明する遺産である
　　　　④ 建築技術や科学技術の発展を証明する遺産である

・登録基準（ⅳ）が認められている遺産として、正しいものはどれか。　　　〈2点〉

[10]　① モン・サン・ミシェルとその湾
　　　　② カイロの歴史地区
　　　　③ ブラジリア
　　　　④ カステル・デル・モンテ

・登録基準（ⅳ）が認められている『姫路城』の説明として、正しくないものはどれか。　〈1点〉

[11]　① 1333年に赤松則村が築いた砦が起源だと伝わる
　　　　② 関ヶ原の戦いののちに城主になった池田輝政に
　　　　　よって天守群が築かれた
　　　　③ 第二次世界大戦の戦火により、天守は一度焼失
　　　　　したが、戦後復元された
　　　　④ 2009年から実施された大天守の保存修理事業
　　　　　では、修復を行いながら「真正性」を保つ取り組
　　　　　みも評価された

▶ 世界遺産の登録方法に関する以下の問いに答えなさい。

・「シリアル・ノミネーション・サイト」の説明として、正しいものはどれか。　〈1点〉

[12]　① 国境を越えて複数の国で推薦・保護を行う遺産である
　　　　② シリアル・ノミネーション・サイトとして認められるのは文化遺産のみである
　　　　③ ロシア連邦の『カムチャツカ火山群』はシリアル・ノミネーション・サイトである
　　　　④ 1994年に採択されたグローバル・ストラテジーから生まれた概念である

・「トランスバウンダリー・サイト」として、正しくないものはどれか。　〈2点〉

[13]　① ワッデン海
　　　　② ベルギーとフランスの鐘楼群
　　　　③ シュトルーヴェの測地弧
　　　　④ パパハナウモクアケア

▶ 古都に関する以下の問いに答えなさい。

・『古都京都の文化財』の構成資産で、1060年頃に創建された「現存する日本最古の神社建築」である神社として、正しいものはどれか。　〈1点〉

[14]　① 賀茂別雷神社　　② 賀茂御祖神社
　　　　③ 春日大社　　　　④ 宇治上神社

・『古都奈良の文化財』の構成資産で、次の3つの説明文から推測される寺院として、正しいものはどれか。　〈2点〉

― 蘇我馬子が建立した、日本最古の仏教寺院の法興寺（飛鳥寺）から一部が移築された
― 僧の智光の僧坊（極楽坊）が独立して発展した
― 興福寺の南に位置する

[15]　① 東大寺
　　　　② 元興寺
　　　　③ 唐招提寺
　　　　④ 薬師寺

・『バガン』に関する次の文中の空欄に当てはまる語句として、正しいものはどれか。　〈2点〉

ミャンマー中央平原を流れるエーヤーワディー川沿いに位置するバガンは、11〜13世紀に（　　　　）によって建国されたバガン朝の栄華を今に伝える古都で、3,000を超す仏教建造物が残る。

[16]　① アノーヤター王
　　　　② ファーグム
　　　　③ アショーカ王
　　　　④ スッドーダナ

・『レブカ歴史的港湾都市』に関し、フィジー共和国の最初の首都レブカがある島として、正しいものはどれか。　〈2点〉

[17]　① ヴルカーノ島
　　　　② オバラウ島
　　　　③ ストロンボリ島
　　　　④ シテ島

・『オルホン渓谷の文化的景観』の説明として、正しいものはどれか。　〈2点〉

[18]　① モンゴル帝国の首都カラコルムなど多数の考古遺跡が点在している
　　　　② アナサジ族が築いたカラ・バルガスン遺跡が残る
　　　　③ パローツ様式という伝統的な様式で作られた住居が多く残る
　　　　④ トンパ文字の碑文が残されている

▶ 島嶼に関する以下の問いに答えなさい。

・『小笠原諸島』の説明として、正しいものはどれか。　　　　　　　　　　〈1点〉

[19]　① 小笠原諸島では、コケ植物が高い固有率を示し
　　　　　ている
　　　　② かつて大陸と陸続きだった時代の面影を残す原
　　　　　生林が広がっている
　　　　③ 哺乳類の固有種はオガサワラオオコウモリのみ
　　　　　である
　　　　④「月に35日雨が降る」と例えられたほどの多雨
　　　　　地帯である。

・『「神宿る島」宗像・沖ノ島と関連遺産群』に関する次の文中の空欄（　A　）、（　B　）に当てはま
る語句の組み合わせとして、正しいものはどれか。　　　　　　　　　　　　〈1点〉

　　　『「神宿る島」宗像・沖ノ島と関連遺産群』は、沖ノ島、（　A　）、（　B　）の3つの要素で構
　　　成されている。

[20]　① A. 宗像大社 ― B. 古墳群
　　　　② A. 宗像大社 ― B. 貝塚
　　　　③ A. 浅間神社 　 D. 古墳群
　　　　④ A. 浅間神社 ― B. 貝塚

・『奄美大島、徳之島、沖縄島北部及び西表島』に生息する代表的な生き物として、正しくないもの
はどれか。　　　　　　　　　　　　　　　　　　　　　　　　　　　　　　〈2点〉

[21]　① オオワシ
　　　　② アマミノクロウサギ
　　　　③ ルリカケス
　　　　④ ヤンバルクイナ

・『屋久島』の説明として、正しくないものはどれか。　　　　　　　　　　〈1点〉

[22]　① 標高1,000mを超える山々が連なる景観から「洋上のアルプス」と呼ばれる
　　　　② 海岸線から山頂にかけ、亜熱帯から亜寒帯までの植生が移り変わる「植物の垂直分布」
　　　　　が見られる
　　　　③ 樹齢1,000年を超える屋久島固有のスギである「屋久杉」が自生している
　　　　④ 年間の降水量が少ないにもかかわらず、森林が発達している

・以下の3つの説明文から推測される世界遺産として、正しいものはどれか。〈1点〉

　　　　— 聖ヨハネ騎士団がマルタ島に築いた拠点である
　　　　— オスマン帝国の襲撃に備え堅牢な城塞都市となった
　　　　— 騎士団長の宮殿は、金襴織りのタペストリーで装飾されている

[23]　① マルボルクのドイツ騎士修道会の城
　　　　② ゲラティ修道院
　　　　③ バレッタの市街
　　　　④ アッコの旧市街

・『スルツェイ火山島』に関する次の英文の空欄に当てはまる語句として、正しいものはどれか。

〈2点〉

```
　Surtsey, a volcanic island approximately 32km from the south coast of Iceland,
　is a new island formed by volcanic (　　　) that took place from 1963 to 1967.
```

[24]　① eruptions
　　　　② corruptions
　　　　③ disruptions
　　　　④ interruptions

▶高校生のタクトとショウタの会話を読んで、以下の問いに答えなさい。

タクト：昨日、うちのおじいちゃんがモロッコへのひとり旅から帰ってきたんだ。

ショウタ：モロッコひとり旅？　行動力すごいね。モロッコってどこにある国だっけ。地理で習ったような。なんか(a)砂漠のイメージがあるけど。

タクト：あー、あるね。でも、おじいちゃんの話だと、海を挟んではいるけどかなり(b)ヨーロッパに近いので、(c)ローマの遺跡なんかもあるんだってさ。

ショウタ：そうなんだ。ちょっとスマホで調べてみる。ほんとだ。いろんな遺跡があるみたいだね。ローマ関連だけじゃなく、(d)先住民族の(e)ベルベル人の遺跡なんかもあるんだね。あと、フェズっていう街には(f)イスラム文化の影響も見られるって書いてあるね。

タクト：多様性のある国なんだね。おじいちゃんは首都ラバトの街並みが味わい深くて気に入ったらしいよ。

ショウタ：どれどれ、ラバトね。なるほど、アラブとヨーロッパどちらの雰囲気もある街みたいだね。この新市街は、20世紀の最初ごろにフランスの（　31　）の都市計画によってつくられたんだって。

タクト：モロッコって面白そうな国だね。俺も将来ひとりで行ってみたくなったよ。

・下線部(a)「砂漠」に関し、『ナミブ砂漠』の説明として、正しいものはどれか。 〈2点〉

[25]　① ほとんど生物は生息していない
　　　　② 世界最大の砂漠地帯である
　　　　③ 周辺には、一帯が草原だったころの暮らしぶりを示す壁画なども残されている
　　　　④ 降水量が少ないため、動植物にとっては霧が貴重な水資源となっている

・下線部(b)「ヨーロッパ」に関し、『ヨーロッパの大温泉都市群』の構成資産で、ベートーヴェンが交響曲第9番を作曲した家などが残る都市として、正しいものはどれか。 〈2点〉

❶ 1級問題

[26]　① スパ
　　　　② ヴィシー
　　　　③ バーデン・バイ・ウィーン
　　　　④ バース

・下線部(c)「ローマの遺跡」に関し、『メリダの考古遺跡群』に関する次の文中の空欄（　A　）、（　B　）に当てはまる語句の組み合わせとして、正しいものはどれか。 〈2点〉

❷ 2級問題

　メリダはかつて（　A　）と呼ばれていたローマ植民都市の遺跡。最盛期のディオクレティアヌス帝の時代には「（　B　）のローマ」と呼ばれるまでの繁栄を見せた。

[27]　① A. スーク・アル・ミルフ ― B. スペイン
　　　　② A. スーク・アル・ミルフ ― B. ポルトガル
　　　　③ A. アウグスタ・エメリタ ― B. スペイン
　　　　④ A. アウグスタ・エメリタ ― B. ポルトガル

・下線部(d)「先住民族」に関し、先住民族のスー族が「霊気に満ちた場所」として恐れた『イエローストーン国立公園』の説明として、正しくないものはどれか。 〈2点〉

[28]　① 60万年前の噴火で地表にできた裂け目からマグマが噴出し、巨大なカルデラが形成された
　　　　② 先住民族の文化が残っている点も評価され、複合遺産として登録されている
　　　　③ 青色をした温泉グランド・プリズマティック・スプリングがある
　　　　④ オールド・フェイスフル間欠泉は平均70分間隔で熱湯を噴出している

・下線部(e)「ベルベル人」が築いた古都マラケシュに関し、この都市をはじめに首都とした王朝として、正しいものはどれか。 〈2点〉

[29]　① ウマイヤ朝
　　　　② アッバース朝
　　　　③ ナスル朝
　　　　④ ムラービト朝

2023年7月検定

・下線部（f）「イスラム文化」に関し、『泉州：宋・元時代の中国における世界的な商業の中心地』に関する次の文中の空欄に入る語句として、正しいものはどれか。　　　　　　〈2点〉

> 泉州は宋代と元代における海上交易の中心地として発展した都市で、構成資産には中国最初期のイスラム建造物が含まれる。泉州はアラビア語圏では「（　　　　）」として知られ、10〜14世紀の西欧の文献にも登場する。

[30]　① ザイトゥーン
　　　　② ジュガンティーヤ
　　　　③ シュユンベキ
　　　　④ インティワタナ

・文中の空欄（　31　）に当てはまる語句として、正しいものはどれか。　　　　　　〈2点〉

[31]　① オーギュスト・ペレ
　　　　② アンリ・プロスト
　　　　③ ルシオ・コスタ
　　　　④ オスカー・ニーマイヤー

▶宗教・信仰に関する以下の問いに答えなさい。

・『長崎と天草地方の潜伏キリシタン関連遺産』の「頭ヶ島の集落」で潜伏キリシタンたちが信仰を続けやすかったと考えられる理由として、正しいものはどれか。　　　　　　〈1点〉

[32]　① キリシタン大名であった五島藩主によって保護されていたから
　　　　② 神道の聖地であり神道の信者であることが当然と考えられたから
　　　　③ 病人の療養地で人があまり訪れない閉ざされた場所であったから
　　　　④ 江戸幕府の直轄地で基本的に人の立ち入りが禁止されていたから

・『法隆寺地域の仏教建造物群』に関し、法隆寺の西院伽藍の建造物として、正しくないものはどれか。
　　　　　　〈1点〉

[33]　① 夢殿
　　　　② 大講堂
　　　　③ 五重塔
　　　　④ 金堂

・『日光の社寺』に関し、「寛永の大造替」の説明として、正しいものはどれか。　　　　　〈2点〉

[34]　① 江戸幕府二代将軍の徳川秀忠の時代に実施された
　　　　② これにより東照宮の本殿は現在のような春日造りを主体とする姿になった
　　　　③ 二荒山神社の社殿も整備された
　　　　④ 陽明門や神厩舎などの芸術性の高い建造物がつくられた

・次の3つの説明文から推測される世界遺産として、正しいものはどれか。　　　　　〈1点〉

　　　— 中世インド宗教建築の粋をなす寺院群が残り、寺院群は西群、東群、南群に分けられている
　　　— 高さ31mにも達するシカラ（砲弾形の尖塔）をもつカンダーリヤ・マハーデーヴァ寺院が最
　　　　大の規模を誇る
　　　— 性的な情景を奔放に表現したミトゥナと呼ばれる彫刻が残されている

[35]　① カジュラーホの寺院群
　　　　② エローラーの石窟寺院群
　　　　③ ラニ・キ・ヴァヴ：グジャラート州パタンにある王妃の階段井戸
　　　　④ プレア・ビヒア寺院

・『ジッダの歴史地区：メッカの入口』に関し、ジッダが海の玄関口の役割を果たした「メッカへの
巡礼」の名称として、正しいものはどれか。　　　　　〈1点〉

[36]　① ミナレット
　　　　② クルアーン
　　　　③ ハッジ
　　　　④ イフラーム

▶特徴的な建物に関する以下の問いに答えなさい。

・『ル・コルビュジエの建築作品：近代建築運動への顕著な貢献』の構成資産（　A　）と、その保有
国（　B　）の組み合わせとして、正しいものはどれか。　　　　　〈1点〉

[37]　① A. トゥーゲントハート邸 ― B. チェコ共和国
　　　　② A. トゥーゲントハート邸 ― B. アルゼンチン共和国
　　　　③ A. クルチェット邸 ― B. チェコ共和国
　　　　④ A. クルチェット邸 ― B. アルゼンチン共和国

・『白川郷・五箇山の合掌造り集落』に関する次の文中の語句で、正しくないものはどれか。〈2点〉

(① 日本有数の豪雪地帯)である白川郷や五箇山にある合掌造り家屋は(② 内部に高い吹き抜け空間をもつ)のが特徴である。この一帯では隣人同士の強い結束力のもと、(③「結」と呼ばれる相互扶助組織)が機能してきた。合掌造り家屋の維持や補修には大きな費用と人手を要したが、こうした組織により(④ 茅葺き屋根の葺き替え)などが行われていた。

[38]　① 日本有数の豪雪地帯
　　　　② 内部に高い吹き抜け空間をもつ
　　　　③「結」と呼ばれる相互扶助組織
　　　　④ 茅葺き屋根の葺き替え

・『百舌鳥・古市古墳群』の説明として、正しいものはどれか。　　　　　　　〈2点〉

[39]　① 履中天皇陵古墳は日本第1位の墳長を誇る
　　　　② 古市エリアで最大の古墳は仁徳天皇陵古墳である
　　　　③ 古墳は葺石や埴輪で装飾され幾何学的にデザインされている
　　　　④ 応神天皇陵古墳には10基以上の陪冢がある

・『フィレンツェの歴史地区』の建造物で見られる「ルネサンス様式」の説明として、正しいものはどれか。　　　　　　　　　　　　　　　　　　　　　　　　〈2点〉

[40]　① 幾何学図形を基調としたバランスの取れた造形が特徴である
　　　　② 高い土木技術を用いたドーム天井やアーチ構造が特徴である
　　　　③ 石造りの厚い壁や小さな窓、半円アーチ構造の天井などが特徴である
　　　　④ 軽快で優美な室内装飾が特徴である

・『フランク・ロイド・ライトの20世紀の建築』に関する次の文中の空欄に当てはまる語句として、正しいものはどれか。　　　　　　　　　　　　　　　　〈2点〉

イリノイ州の(　　　　)では、低い傾斜屋根が水平に伸び、横長に並ぶ連続窓やルーフバルコニーといったプレイリー・スタイル(草原様式)が特徴である。

[41]　① ユニティー・テンプル
　　　　② タリアセン・ウエスト
　　　　③ 落水荘
　　　　④ ロビー邸

▶危機遺産、削除された遺産に関する以下の問いに答えなさい。

・危機遺産に関する説明として、正しいものはどれか。　　　　　　　　　　　　　〈 2点 〉

[42]　① 危機遺産リストの正式名称は「危機に瀕している世界遺産リスト」である
　　　　② 都市開発や観光開発によって危機的な状況に陥っているものは危機遺産に登録されない
　　　　③ 危機遺産に登録されるとユネスコによって保全計画が作成され実行される
　　　　④ 危機遺産の保全計画の作成や実行にあたり世界遺産基金を活用する場合もある

・2023年1月に行われた世界遺産委員会の特別会合において緊急的登録推薦で世界遺産に登録され、同時に危機遺産リストにも記載された遺産として、正しいものはどれか。　　　〈 2点 〉

[43]　① 東レンネル
　　　　② マリブ：古代サバ王国の代表的遺跡群
　　　　③ パナマのカリブ海側の要塞群：ポルトベロとサン・ロレンツォ
　　　　④ ポトシの市街

・同じく世界遺産委員会の特別会合で世界遺産に登録されると同時に危機遺産となった『オデーサの歴史地区』に関する説明として、正しいものはどれか。　　　　　　　　　　　〈 2点 〉

[44]　① オデーサはウクライナ北部に位置する内陸都市である
　　　　② ユーゲントシュティール様式の建築物が立ち並んでいる
　　　　③ 18世紀にヤロスラフ賢公によって築かれ、19世紀にかけ発展した
　　　　④ 「ポチョムキンの階段」はセルゲイ・エイゼンシュテイン監督の映画の舞台となったことでも知られる

▶負の遺産に関する以下の問いに答えなさい。

・以下の3つの説明文から推測される世界遺産として、正しいものはどれか。　　　〈 2点 〉

　　― 紀元前2世紀から後2世紀に栄えたパルティア王国の軍事都市
　　― 建築様式にはヘレニズム、ローマ、アジア的な装飾の意匠が見られる
　　― 過激派組織IS（イスラム国）が2015年3月にこの遺跡を破壊し、同年、危機遺産リストに記載された

[45]　① モスタル旧市街の石橋と周辺
　　　　② バーミヤン渓谷の文化的景観と古代遺跡群
　　　　③ 円形都市ハトラ
　　　　④ レプティス・マグナの考古遺跡

・『広島平和記念碑（原爆ドーム）』の説明として、正しくないものはどれか。　　　〈1点〉

[**46**] 　① 原爆投下以前はネオ・バロック様式とゼツェッション様式が混在するモダンな姿の建
　　　　物だった
　　　② 原爆の衝撃波をほぼ直上から受けたため、ドーム部分の鉄筋の骨組みと壁の一部が
　　　　残った
　　　③ 一時は取り壊しも検討された
　　　④ 世界遺産委員会での登録審議に当たって、アメリカと中国が登録決議に反対した

▶ スウェーデンに留学中の大学生のミキが、友人のショウタに送った手紙を読んで、以下の問い
に答えなさい。

ショウタくんへ

　日本は暑い日が続いているようですが、お元気ですか？
　私がスウェーデンに来て半年が経ちました。こちらも夏
は気温が上がりますが、少し汗ばむ程度。猛暑の日本とは比
較にならないほど過ごしやすいです。先週、スウェーデンで
は(a)クリスマスや(b)イースターと並ぶ大きなお祭り「夏
至祭」（こちらではミッドサマーといいます）に参加しました。
(c)スロベニアから来ている友人たちと輪になって(d)踊り、シュナップスという(e)お酒を飲みな
がら夜になるまで騒ぎました。スウェーデンに来る前からミッドサマーに参加したいと思っていた
ので、ひとつ夢が叶った気分。もうひとつ、(f)北極圏にいってオーロラを見るという目標もこの冬
に叶えるつもりです。ショウタくんも一緒にどう？　よかったらぜひスウェーデンに遊びに来てく
ださい。

ミキ

・下線部(a)「クリスマス」に関し、歴史のあるクリスマスマーケットで知られる「ストラスブール」の
ドイツ語の意味として、正しいものはどれか。　　　〈2点〉

[**47**] 　① 運河の街　　　② 街道の街
　　　③ 温泉の街　　　④ 石畳の町

・下線部(b)「イースター」に関し、イースター島にある『ラパ・ニュイ国立公園』の説明として、正し
いものはどれか。　　　〈2点〉

[**48**] 　① ポリネシアに起源をもつ長耳族が初めてモアイをつくった
　　　② 部族間でモアイを贈りあう「フリ・モアイ」が行われた
　　　③ 短耳族はモアイ像を作らず、代わりに多くの壁画が描かれるようになった
　　　④ ペルー共和国の世界遺産である

・下線部(c)「スロベニア」に関し、『リュブリャナにあるヨジェ・プレチニクの作品群：人間中心の都市デザイン』の説明として、正しいものはどれか。　〈1点〉

[49]　① ヨジェ・プレチニクはフランスでル・コルビュジエのもとで建築を学んだ
　　　　② 建築家ロバート・アダムが設計したシャーロット広場がある
　　　　③ 運河を活用した計画都市である
　　　　④ 旧市街と新市街を結ぶ三本橋は街のシンボルとなっている

・下線部(d)「踊り」に関し、2022年に無形文化遺産に登録された「風流踊」に含まれる踊りとして、正しくないものはどれか。　〈2点〉

[50]　① 鬼剣舞
　　　　② 郡上踊
　　　　③ 阿波踊り
　　　　④ 吉弘楽

・下線部(e)「お酒」に関し、『リュウゼツランの景観とテキーラ村の古式産業施設群』の地図上の位置として、正しいものはどれか。　〈2点〉

[51]

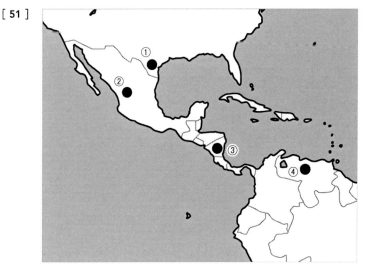

・下線部(f)「北極圏」に位置する『ウランゲリ島保護区の自然生態系』の説明として、正しいものはどれか。　〈2点〉

[52]　① ホッキョクグマの生息密度が世界一高い地域である
　　　　② この地域に定住する人々の一部は、トナカイの放牧を主業としている
　　　　③ 世界最大の実をつけるフタゴヤシが多く見られる
　　　　④ 最終氷期に形成されたセルメク・クジャレク氷河がある

▶産業遺産に関する以下の問いに答えなさい。

・『明治日本の産業革命遺産　製鉄・製鋼、造船、石炭産業』に関し、トーマス・グラバーが佐賀藩とともに長崎に開発した、蒸気機関を動力とする画期的な産業施設として、正しいものはどれか。
〈1点〉

[53]　① 高島炭坑
　　　　② 端島炭坑
　　　　③ 三池炭鉱・三池港
　　　　④ 官営八幡製鐵所

・『石見銀山遺跡とその文化的景観』に関し、石見銀山で用いられた「灰吹法」に関する説明として、正しいものはどれか。
〈2点〉

[54]　① 石見銀山でのみ用いられた技術である
　　　　② 銀鉱脈を見つけるための技術である
　　　　③ 中世になって編み出された技術である
　　　　④ 朝鮮半島から呼び寄せた技術者によって伝えられた技術である

・『ダーウェント峡谷の工場群』に関する以下の文中の空欄に当てはまる語句として、正しいものはどれか。
〈1点〉

[　現在、ダーウェント峡谷には18世紀に（　　　　）が開発した水力紡績機を世界で初めて導入
　した工場をはじめ、工場制機械工業時代の幕開けを告げた工場群が残されている。　　　　　　]

[55]　① ルイ・ドゥ・フォワ
　　　　② リチャード・アークライト
　　　　③ クロード・ニコラ・ルドゥー
　　　　④ ヴァルター・グロピウス

▶自然遺産に関する以下の問いに答えなさい。

・『白神山地』の説明として、<u>正しくないもの</u>はどれか。
〈1点〉

[56]　① ブナの原生林が残っているのは世界で白神山地
　　　　　だけであることが評価された
　　　　② ブナ以外にも、固有種アオモリマンテマをはじめ
　　　　　約500種の植物が存在する
　　　　③ 一帯では、年間約1.3mmという速い速度での土地
　　　　　の隆起が現在も続いている
　　　　④ 絶滅危惧種クマゲラやイヌワシなど84種の鳥類
　　　　　が生息している

・『カナイマ国立公園』に関する以下の文中の空欄（　A　）（　B　）の組み合わせとして、正しいものはどれか。　　　　　　　　　　　　　　　　　　　　　　　　　〈1点〉

> 『カナイマ国立公園』の約65％を占めるテーブルマウンテンは、先住民からは「（　A　）」と呼ばれている。かつて5大陸が誕生したプレート変動の際、（　B　）ため、ほとんど影響を受けなかったと考えられている。

[57]　① A. ロライマ ― B. プレートと同じ速度で移動した
　　　　② A. ロライマ ― B. 変動軸上に位置していた
　　　　③ A. テプイ ― B. プレートと同じ速度で移動した
　　　　④ A. テプイ ― B. 変動軸上に位置していた

・『テ・ワヒポウナム』の説明として、正しいものはどれか。　　　　　　　　　〈1点〉

[58]　① 世界最大の淡水湿地である
　　　　② 氷河作用と地殻変動による景観が広がっている
　　　　③ ゴンドワナ大陸の動植物相を今に伝える世界最大級の多雨林帯である
　　　　④ 69％が固有種という植物のホットスポットである

▶以下の問いに答えなさい。

・2023年5月時点の世界遺産登録数に関する説明として、正しいものはどれか。　〈2点〉

[59]　① これまでに世界遺産リストから削除された遺産は4件である
　　　　② イタリア共和国と中華人民共和国の遺産数は同じである
　　　　③ 日本の世界遺産は23件で、世界で18番目に多い
　　　　④ 2023年1月の世界遺産委員会特別会合で遺産が追加され、総数は1,157件になった

・2023年5月時点でロシア連邦からの軍事侵攻が続いているウクライナの世界遺産として、<u>正しくないもの</u>はどれか。　　　　　　　　　　　　　　　　　　　　　　　〈2点〉

[60]　① タウリカ半島の古代都市とチョーラ
　　　　② リヴィウ歴史地区
　　　　③ ブトリントの考古遺跡
　　　　④ キーウ：聖ソフィア聖堂と関連修道院群、キーウ・ペチェルーシカ大修道院

過去問題

認定率・講評

〈 集計データ 〉

最高点	最低点	平均点	認定点	受検者数	認定者数	認定率
100点	2点	64.0点	60点	889人	522人	58.7%

〈 得点分布図 〉

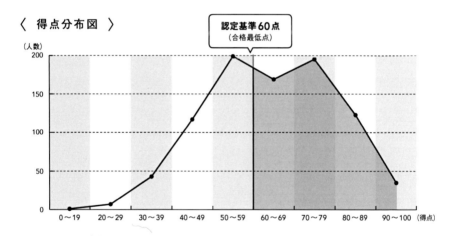

認定基準60点
（合格最低点）

（人数）

（得点）

0～19　20～29　30～39　40～49　50～59　60～69　70～79　80～89　90～100

― 講 評 ―

今回の認定率は58.7％で、前回（23年7月検定）からわずかに上昇し、平均点は64.0点と前回検定よりも微増しました。正答率が最も高かったのは、『富岡製糸場と絹産業遺産群』に関する文章問題でした。次に高かったのが「世界遺産条約」の正しい説明文を選択する問題でした。どちらも正答率が9割に達しました。正答率が低かったのは、『アスマラ：アフリカのモダニズム都市』の保有国を尋ねる問題や『サンクト・ペテルブルクの歴史地区と関連建造物群』の構成資産を尋ねる問題でした。海外の遺産は範囲も広く勉強するのが大変ですが、保有国がどこなのかといった基本情報はしっかり押さえましょう。主要な構成資産もよく尋ねられます。

▶ 世界遺産条約に関する次の文章を読んで、以下の問いに答えなさい。

(a)世界遺産条約は人類や地球にとってかけがえのない価値をもつ建造物や遺跡、自然環境などを保護し、次世代に伝えてゆく取り組みである。そうした理念のもと1978年に最初の(b)世界遺産が誕生し、その数は増え続けている。世界遺産登録の概念は、時代とともに変化してきた。2021年の世界遺産委員会では、世界遺産登録のプロセスに、「(c)プレリミナリー・アセスメント」という概念が導入されることも決まった。ユネスコが主催する事業には、不動産を保護する世界遺産とは別に文書や楽譜、手紙などの記録物を保護する(d)「世界の記憶」などもある。

・下線部(a)「世界遺産条約」の説明として、正しいものはどれか。　　　　　　　　〈2点〉

[1]　　① 遺産を保護・保全する義務はユネスコにあることを定めている
　　　　　② 石造り建築の世界遺産を増やす方針が定められている
　　　　　③ 締約国による教育・広報活動の重要性が書かれている
　　　　　④ 社会の中での遺産の活用を制限する方針を定めている

・下線部(b)「世界遺産」に関連する出来事を起こった順に並べたものとして、正しいものはどれか。　　　　　　　　〈2点〉

　　　　A. グローバル・ストラテジーの採択
　　　　B. ユネスコの設立
　　　　C. アテネ憲章の採択
　　　　D. 世界遺産条約の採択
[2]　　① B⇒A⇒C⇒D
　　　　　② B⇒C⇒A⇒D
　　　　　③ C⇒B⇒D⇒A
　　　　　④ C⇒D⇒B⇒A

・下線部(c)「プレリミナリー・アセスメント」の説明として、正しいものはどれか。　　〈2点〉

[3]　　① 推薦された物件に関し、事前に世界遺産委員国から調査団を派遣し、評価する
　　　　　② 推薦書の提出前から諮問機関に評価を依頼し、対話を通じたアドバイスをもらう
　　　　　③ 世界遺産センターが予備審査を行い、推薦書の受理を判断する
　　　　　④ 世界遺産委員会に先立ち、ユネスコが独自調査に基づいた評価を発表する

・同じく「プレリミナリー・アセスメント」を用いて世界遺産登録を目指すことが決定した日本の暫定リスト記載遺産として、正しいものはどれか。　　　　　　　　〈2点〉

[4]　　① 平泉―仏国土(浄土)を表す建築・庭園及び考古学的遺跡群―
　　　　　② 飛鳥・藤原の宮都とその関連資産群
　　　　　③ 古都鎌倉の寺院・神社ほか
　　　　　④ 彦根城

・下線部 (d)「世界の記憶」に含まれるものとして、正しいものはどれか。　　　　〈1点〉

[5]　① 朝鮮通信使関連資料
　　　　② 小津安二郎の映画作品
　　　　③ 万葉集写本
　　　　④ 鳥獣人物戯画

▶ 世界遺産委員会に関する以下の問いに答えなさい。

・世界遺産委員会の説明として、正しいものはどれか。　　　　〈2点〉

[6]　① 通常2年に1回開催される政府間委員会である
　　　　② 文化遺産の保全強化を目的とした研究や記録の作成・助言、技術支援、技術者養成などを行う
　　　　③ 委員国の任期は4年である
　　　　④ 推薦された遺産を、「登録」「情報照会」「登録延期」「不登録」の4段階で決議する

・世界遺産に関係する諸問機関のひとつである「IUCN」の正式名称として、正しいものはどれか。
　　　　〈2点〉

[7]　① 国際環境保護連合
　　　　② 国際自然保護連合
　　　　③ 国際文化財遺産会議
　　　　④ 国際記念物遺跡会議

・2023年9月に開催された第45回世界遺産委員会の説明として、正しいものはどれか。　〈2点〉

[8]　① 本来は2022年に開催される予定であったが、新型コロナウイルス感染症流行の影響で1年延期された
　　　　② ロシアによるウクライナ侵攻の影響でオンラインでの開催となった
　　　　③ サウジアラビアのリヤドで開催された
　　　　④ 日本は世界遺産委員会の委員国には入っていない

・第45回世界遺産委員会で登録された遺産として、正しいものはどれか。　　　　〈2点〉

[9]　① オデーサの歴史地区
　　　　② トリポリのラシード・カラーミー国際見本市会場
　　　　③ ルワンダ虐殺の記憶の場：ニャマタ、ムランビ、ギソジ、ビセセロ
　　　　④ マリブ：古代サバ王国の代表的遺跡群

・2024年に開催予定の第46回世界遺産委員会で審議が予定されている「佐渡島の金山」の説明として、正しいものはどれか。 〈2点〉

[10] 　① 金山の一部は現在も操業中である
　　　② 構成資産には、金の積出を担った港湾も含まれている
　　　③ 室町時代を通じて幕府の財政を支えた鉱山である
　　　④ 2022年に一度推薦書が提出されたが、内容に不備があり取り下げた

▶世界遺産に関する以下の問いに答えなさい。

・世界遺産基金の使用目的として、<u>正しくないもの</u>はどれか。 〈2点〉

[11] 　① 世界遺産を活用した観光開発の状況を把握し、広報活動の提言などを行う「観光援助」
　　　② 大規模な災害や紛争による被害への「緊急援助」
　　　③ 推薦書や暫定リストなどを作成するための「準備援助」
　　　④ 専門家や技術者の派遣や保全に関する技術提供のための「保全・管理援助」

・世界遺産の登録基準などを定める「作業指針」の正式名称として、正しいものはどれか。 〈2点〉

[12] 　① 世界遺産条約履行のための作業指針
　　　② 世界遺産保全のための作業指針
　　　③ 世界遺産の推薦・登録のための作業指針
　　　④ 世界遺産委員会の運営・決議に関する作業指針

・2023年10月時点での世界遺産の登録状況として、正しいものはどれか。 〈2点〉

[13] 　① 2,000件以上が世界遺産登録されている
　　　② 日本からは30件が世界遺産登録されている
　　　③ 最も多くの世界遺産を保有する国は中華人民共和国である
　　　④ 危機遺産リストに記載された物件は50件以上にのぼる

▶登録基準に関する以下の問いに答えなさい。

・登録基準(iii)の説明として、正しいものはどれか。 〈2点〉

[14] 　① 文化交流を証明する遺産
　　　② 独自の伝統的集落や、人類と環境の交流を示す遺産
　　　③ 建築技術や科学技術の発展を証明する遺産
　　　④ 文明や時代の証拠を示す遺産

・登録基準(iii)が認められた遺産として、正しいものはどれか。　〈2点〉

[15]　① ケルンの大聖堂
　　　　② ビキニ環礁-核実験場となった海
　　　　③ ムザブの谷
　　　　④ フォース鉄道橋

▶ 信仰・宗教に関する以下の問いに答えなさい。

・『富士山―信仰の対象と芸術の源泉』に含まれる「富士山本宮浅間大社」の説明として、正しいものはどれか。　〈1点〉

[16]　① 宿坊を兼ねた住宅で、富士山に祈りを捧げるために登山をする人の世話をした
　　　　② 富士山の噴火を鎮めるために建立された浅間神社の総本宮である
　　　　③ 周辺には富士講信者が残した多くの顕彰碑や登拝回数などの記念碑が残る
　　　　④ ICOMOSからは除外を勧告されたが登録された

・『日光の社寺』に関し、東照宮の前身となる東照社を創建した人物として、正しいものはどれか。　〈2点〉

[17]　① 赤松則村　　② 勝道上人
　　　　③ 神屋寿禎　　④ 天海

・『長崎と天草地方の潜伏キリシタン関連遺産』の構成資産は4つの時代にわけられる。「4. 変容、終わり」の時期の価値を示す構成資産として、正しいものはどれか。　〈1点〉

[18]　① 大浦天主堂
　　　　② 平戸の聖地と集落
　　　　③ 原城跡
　　　　④ 野崎島の集落跡

・『法隆寺地域の仏教建造物群』に含まれる法隆寺の説明として、<u>正しくないもの</u>はどれか。〈1点〉

[19]　① 西院と東院のふたつの伽藍群によって構成される
　　　　② 厩戸王(聖徳太子)と推古天皇によって建立された若草伽藍を起源とする
　　　　③ 東に金堂、西に五重塔が並ぶ西院の伽藍配置を「法隆寺式伽藍配置」と呼ぶ
　　　　④ 東院の夢殿や伝法堂は現存する世界最古の木造建築として知られる

・『エチミアジンの大聖堂と教会群、およびズヴァルトノツの考古遺跡』に関する次の文中の空欄に当てはまる語句として、正しいものはどれか。（2ヵ所の空欄には同じ語句が入る）　〈2点〉

エチミアジンは、301年に世界で初めてキリスト教を国教とした（　　　）で、（　　　）正教会初の大主教座が置かれた都市である。

[20]　① リトアニア
　　　　② アルメニア
　　　　③ ラトビア
　　　　④ エストニア

▶ 島・島嶼に関する以下の問いに答えなさい。

・『「神宿る島」宗像・沖ノ島と関連遺産群』に関し、沖ノ島からの出土品として、正しいものはどれか。　〈1点〉

[21]　① 銅鏡や金製指輪などの奉献品
　　　　② 埴輪などの素焼き土器
　　　　③ 和同開珎などの渡来銭
　　　　④ 古代ローマの貨幣

・『奄美大島、徳之島、沖縄島北部及び西表島』に関する次の英文の空欄（　A　）、（　B　）に当てはまる語句の組み合わせとして、正しいものはどれか。　〈2点〉

The formation of the Okinawa Trough during the late Miocene （　A　）a chain of small islands from the Eurasian Continent, which formed an archipelago. Land species became isolated on these small islands, and the biota of each island （　B　）richly and uniquely.

[22]　① A. separated ― B. evolved
　　　　② A. separated ― B. revolved
　　　　③ A. scattered ― B. evolved
　　　　④ A. scattered ― B. revolved

・『小笠原諸島』において、高い固有率を示す生物（　A　）と、植物（　B　）の組み合わせとして、正しいものはどれか。　〈1点〉

[23]　① A. 陸産貝類 ― B. 地衣植物
　　　　② A. 陸産貝類 ― B. 維管束植物
　　　　③ A. 哺乳類 ― B. 地衣植物
　　　　④ A. 哺乳類 ― B. 維管束植物

・『屋久島』の説明として、正しくないものはどれか。　　　　　　　　　　　　　　　〈1点〉

[24] 　① 花こう岩が隆起して誕生した島である
　　　　② 東京23区ほどの広さの島に標高1,000mを超える山々が連なる景観から「洋上のア
　　　　　ルプス」といわれる
　　　　③ 標高が上がるごとに熱帯から寒帯まで植生が移り変わる
　　　　④ ヤクシカ、ヤクザルなどの固有亜種を含む多くの動物が生息する

・『ココス島国立公園』の説明として、正しいものはどれか。　　　　　　　　　　　　〈1点〉

[25] 　① 北半球最大のサンゴ礁である
　　　　② 周辺海域は巨大な禁漁区となっており、海洋生物の楽園である
　　　　③ 世界各地で化石が発見されている「ストロマトライト」が現生する
　　　　④ 世界中のダイバーの憧れの地だが、入島は厳しく制限されている

・『テ・ワヒポウナム』の地図上の位置として、正しいものはどれか。　　　　　　　　〈1点〉

[26]

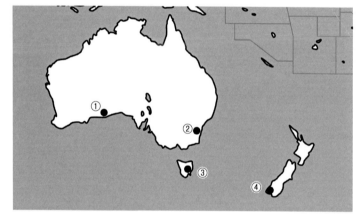

▶オーケストラ部に所属する高校生のシオリとコウヘイの会話を読んで、以下の問いに答えなさい。

シオリ：聞いた？　今度の演奏会で私たち、ラフマニノフの幻想曲『(a)
　　　　岩』をやるんだって。
コウヘイ：先生から直接聞いたよ。なんでもラフマニノフは(b)1873年の
　　　　生まれだそうで、今年は生誕150周年にあたるから、ちょうどい
　　　　いだろってさ。
シオリ：なるほどね。知ってる？　ラフマニノフってその音楽と同じよ
　　　　うに、ドラマチックな人生を歩んだ音楽家なんだよ。
コウヘイ：なに？　詳しいの？

シ　オ　リ：私、ラフマニノフの曲が結構好きだから、前にネットで調べたことがあるんだ。だから演奏会も楽しみなの。

コウヘイ：そうなんだ。少し教えてよ。

シ　オ　リ：いいよ。ラフマニノフは9歳のときに(c)ペテルブルクに移り住んで音楽学校に入学したんだけど、落第しそうになって12歳で(d)モスクワの音楽院に転入しているの。

コウヘイ：落第？　そんな有名な作曲家が？　しかもピアノもめちゃくちゃ上手かったんだろ？

シ　オ　リ：学校が合わなかったのかなあ。でも、モスクワで才能が開花して、18歳のときには(e)ピアノ科で金メダルを獲得して卒業したの。さらに19歳のときには作曲した『(f)鐘』という曲が人気を博し、一躍、有名音楽家に仲間入りしたのよ。

コウヘイ：その後は順調な音楽家生活だったの？

シ　オ　リ：いいえ、その後もある公演が記録的な大失敗に終わったせいで、一時的に作品を作れなくなるほどのスランプに陥ったり、1917年には(g)アメリカに移住したりしているわ。故郷に帰りたい気持ちもあったみたいだけど、結局、最後までロシアの地を踏むことはなかったそうよ。

コウヘイ：本当にドラマチックな人生だね。そんな背景も思い浮かべながら演奏の練習をするよ。ありがとう。

❶ 1級問題

❷ 2級問題

2023年12月検定

・下線部(a)「岩」に関し、「貴婦人の扇」と呼ばれる岩のある『ジャイアンツ・コーズウェイとその海岸』の説明として、正しいものはどれか。　　　　　　　　　　　　　　　　　〈2点〉

[27]　　① 正六角形の石柱が8kmも続く奇観が広がる
　　　　　② クジラの先祖であるバシロサウルスの化石の発掘地として有名である
　　　　　③ キツネザルなどの霊長類が多く生息している
　　　　　④ その景観から、「恐竜の石道」の名をもつ

・下線部(b)「1873年」に発掘された『トロイアの考古遺跡』に関し、トロイア戦争について記したホメロスの叙事詩として、正しいものはどれか。　　　　　　　　　　　　　　　　〈1点〉

[28]　　① オデュッセイア
　　　　　② マナス
　　　　　③ イリアス
　　　　　④ ラーマーヤナ

・下線部(c)「ペテルブルク」に関し、『サンクト・ペテルブルクの歴史地区と関連建造物群』の構成資産として、正しいものはどれか。　　　　　　　　　　　　　　　　　　　　　〈2点〉

[29]　　① ペトロパヴロフスク要塞
　　　　　② シュユンベキ塔
　　　　　③ クル・シャリフ・モスク
　　　　　④ ブラゴヴェシェンスキー大聖堂

・下線部（d）「モスクワ」から北東約70kmに位置する『セルギエフ・ポサドのトロイツェ・セルギエフ大修道院』の説明として、正しくないものはどれか。 〈2点〉

[30]　① 14世紀に修道士セルギー・ラドネシスキーが建てた聖堂を起源とする
　　　　② ジョージア正教会最大の修道院のひとつである
　　　　③ 1559年にはモスクワにある同名の聖堂に倣ったウスペンスキー聖堂が建てられた
　　　　④ 18世紀後半からは大修道院を取り囲むような都市計画のもと街が整備された

・下線部（e）「ピアノ」の島と呼ばれる鼓浪嶼（コロンス島）に関し、『鼓浪嶼（コロンス島）：歴史的共同租界』の説明として、正しくないものはどれか。 〈2点〉

[31]　① 九竜江の河口付近に位置する小さな島である
　　　　② 納西族によって築かれた
　　　　③ 1903年からは外国人のための居留地（国際共同租界）となった
　　　　④ アモイ・デコ・スタイルなどの建築様式が流行した

・下線部（f）「鐘」に関し、鐘楼などが登録されている『イエス生誕の地：ベツレヘムの聖誕教会と巡礼路』の説明として、正しいものはどれか。 〈2点〉

[32]　① 構成資産にはドミニコ会の修道院も含まれる
　　　　② 聖ラウレンティウスが殉教したとされる日に聖誕教会の建設が始まった
　　　　③ クレタ様式によるフレスコ画や、イコンと呼ばれる聖画や古写本、典礼用具などが残されている
　　　　④ 一度は危機遺産リストに記載されたが、2019年に脱している

・下線部（g）「アメリカ」の『ヨセミテ国立公園』で見られる、氷河が谷などと接触しながら流れる際、削りだされた岩石や土砂が堆積してつくられた地形の名称として、正しいものはどれか。

〈2点〉

[33]　① ハンモック
　　　　② フィンボス
　　　　③ ギャオ
　　　　④ モレーン

▶文化的景観に関する以下の問いに答えなさい。

・「文化的景観」のカテゴリーで、「社会や経済などの要求によって生まれ、自然環境に対応して形成された景観」として、正しいものはどれか。 〈1点〉

[34]　① 意匠された景観　　② 有機的に進化する景観
　　　　③ 関連する景観　　　④ 連続する景観

・『紀伊山地の霊場と参詣道』に含まれる「吉野・大峯」の説明として、正しいものはどれか。〈1点〉

[35]　① 9世紀初めに僧空海によって開かれた
　　　　② 平安時代以降、天皇や貴族による参拝が行われた
　　　　③ 山岳修行者が集まり、次第に修験道の聖地となった
　　　　④ 宗教都市としての性格を帯びている

▶産業遺産に関する以下の問いに答えなさい。

・『富岡製糸場と絹産業遺産群』に関する次の文中の空欄（　A　）、（　B　）に当てはまる語句の組み合わせとして、正しいものはどれか。　　　　　　　　　　　　　　　　〈2点〉

「富岡製糸場」では、（　A　）によって建物内部の中央に柱のない広い空間を確保することが可能となり、多くの（　B　）を工場内に置くことができた。

[36]　① A. トラス構造 ― B. 繰糸器　　　② A. トラス構造 ― B. 煮繭機
　　　　③ A. ラーメン構造 ― B. 繰糸器　　④ A. ラーメン構造 ― B. 煮繭機

・『イヴレーア：20世紀の産業都市』に関し、企業都市イヴレーアの発展に貢献した企業として、正しいものはどれか。　　　　　　　　　　　　　　　　　　　　　　　　　〈2点〉

[37]　① フィアット社　　　② ノシュク・ハイドロ社
　　　　③ オリベッティ社　　④ プラダ社

▶負の遺産に関する以下の問いに答えなさい。

・『広島平和記念碑（原爆ドーム）』に関する説明として、正しいものはどれか。　〈1点〉

[38]　① 第二次世界大戦当時は「広島県産業奨励館」と呼ばれていた
　　　　② 原子爆弾の炸裂地点からはおよそ2km離れている
　　　　③ 原子爆弾の衝撃波をほぼ真横から受けたため、全壊をまぬがれた
　　　　④ 第二次世界大戦の終結後、広島市議会により直ちに永久保存することが決まった

・『オーストラリアの囚人収容所遺跡群』に関する次の文中の空欄に当てはまる語句として、正しいものはどれか。　　　　　　　　　　　　　　　　　　　　　　　　　〈2点〉

世界遺産には、大英帝国が18〜19世紀につくった1,000以上の囚人遺跡の一部が登録されている。当時、大英帝国はオーストラリア大陸において、刑場をともなった植民地を拡大させており、先住民である（　　　　）は居住地を追われることになった。

[39]　① ベルベル人　　　② マオリ
　　　　③ サーメ人　　　　④ アボリジニ

▶ 特徴的な建築に関する以下の問いに答えなさい。

・『ル・コルビュジエの建築作品：近代建築運動への顕著な貢献』の構成資産のひとつである「国立西洋美術館」に関する次の文中の語句で、正しくないものはどれか。　　　　　　　　〈1点〉

> 国立西洋美術館は、(① 松方幸次郎) が収集し、その後 (② フランス) に押収されていた「松方コレクション」と呼ばれる美術品を展示する目的で、(③ 昭和初期) に開館した美術館である。その構造などには、(④ 無限成長美術館) という概念が採用されている。

[**40**]　　① 松方幸次郎
　　　　　　② フランス
　　　　　　③ 昭和初期
　　　　　　④ 無限成長美術館

・『北海道・北東北の縄文遺跡群』の構成資産のひとつである「三内丸山遺跡」の説明として、正しくないものはどれか。　　　　　　　　〈2点〉

[**41**]　　① ステージⅠ「定住の開始」に位置づけられる遺産である
　　　　　　② 青森県にある遺跡である
　　　　　　③ 集落には、竪穴建物や掘立柱建物、列状に並んだ土坑墓などが配置されている
　　　　　　④ 日本で最も多い2,000点を超える土偶などの道具が出土した

・『厳島神社』の本社本殿の説明として、正しいものはどれか。　　　　　　　　〈2点〉

[**42**]　　① 祭神として賀茂別雷命を祀る
　　　　　　② 春日造りの4つの神殿が横に並ぶ
　　　　　　③ 建築物は西側を向いている
　　　　　　④ 両流造りという建築様式を用いている

・『姫路城』に関する次の文中の語句で、正しいものはどれか。　　　　　　　　〈1点〉

> 『姫路城』では、関ヶ原の戦いののち (① 徳川家光) による大改修が行われ、現在のような (② 直線的な縄張り) が整備された。近年では、2009〜2015年にかけて (③ 天守閣の解体修理) が行われたが、その際には、修復を行いながら「(④ 真正性)」を保つという保存の取り組みも評価された。

[**43**]　　① 徳川家光
　　　　　　② 直線的な縄張り
　　　　　　③ 天守閣の解体修理
　　　　　　④ 真正性

・『アルルのローマ遺跡とロマネスク建築』に関し、ロマネスク様式の説明として、正しいものはどれか。
〈2点〉

[**44**] ① 石造りの厚い壁や小さな窓、半円アーチ構造の天井などが特徴である
② 天井の高さと光を追求している
③ 過剰な装飾や凹凸の強調、絵画などによる内装を特徴とする
④ 古代ギリシャやローマなどを模範とした15～16世紀の様式である

・『ジェンネの旧市街』の家屋で見られる日干しレンガの表面に泥を塗って仕上げる建築様式として、正しいものはどれか。
〈2点〉

[**45**] ① プラ・プラーン様式　　② クレタ様式
③ スーダン様式　　　　　④ パローツ様式

▶アメリカのボストンに留学中の大学生のナツコが友人のユウトに送った手紙を読んで、以下の問いに答えなさい。

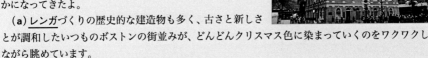

ユウトへ

　元気にしてますか？　いつもチャットや通話ばかりなので、たまには気分を変えて手紙を書こうと思います。
　クリスマスの時期も近づき、ボストンの街もどんどん華やかになってきたよ。
　(a) レンガづくりの歴史的な建造物も多く、古さと新しさとが調和したいつものボストンの街並みが、どんどんクリスマス色に染まっていくのをワクワクしながら眺めています。
　(b) 草原のように広い芝生の広場や街路樹も多いボストンの街中では、(c) ウサギやリスなんかもよく見かけます。歴史的な街並みに、動物が馴染んでいる景色は、日本でいえば(d) 奈良に似てるかも。(e) 大学がたくさんある街というのは(f) 京都と同じだね。
　いつかユウトにもボストンに来てもらいたいと思っています。来年の夏なんかどう？　ボストンでは7月4日の(g) 独立記念日にアメリカ中から人が集まって、昔の衣装を着て街を歩く盛大なパレードがあるんだって。ぜひ一緒に参加しようよ！
　それでは、また連絡するね。

ナツコ

・下線部(a)「レンガ」でつくられた『技術者エラディオ・ディエステの作品：アトランティーダの教会』の説明として、正しいものはどれか。
〈2点〉

[**46**] ① アール・ヌーヴォーの先駆けとなった建物である
② 日干しレンガによって特殊な構造を成立させている
③ 建物の素材は地元産のもので、地元の人により伝統的な建築技術によって建てられた
④ 建物を周囲の自然と調和させ均衡を保つ「有機的建築」という概念が採用されている

・下線部 (b)「草原」と高山山脈からなる『青海フフシル (可可西里)』に生息する、絶滅の恐れがある生き物として、正しいものはどれか。 〈2点〉

[47]　① コンゴウインコ

　　　　② レッサーパンダ

　　　　③ マルミミゾウ

　　　　④ チベットカモシカ (チルー)

・下線部 (c)「ウサギ」に関し、「18ウサギ王」と呼ばれたワシャクラフン・ウバーフ・カウィル王が発展させた『コパンのマヤ遺跡』の説明として、正しいものはどれか。 〈2点〉

[48]　① マヤ文明最大の神殿都市遺跡である

　　　　② 他のマヤ遺跡と比べて石碑などに刻まれたマヤ文字の量が多い

　　　　③ 碑文の神殿と呼ばれるピラミッドがある

　　　　④ 中央アクロポリスからは、ア・カカウ王の墓や埋葬品が発見された

・下線部 (d)「奈良」に関し、『古都奈良の文化財』についての次の文中の語句で、正しいものはどれか。 〈2点〉

『古都奈良の文化財』は、(① 後漢の洛陽) をモデルに造営された平城京の繁栄を伝える遺産である。世界遺産への登録の際には、(② 17資産全体で奈良時代の歴史と文化を物語っている) ことも高く評価された。奈良に点在する寺社は天皇家や (③ 藤原氏) と密接に結びつくものが多い。(④ 興福寺) は高僧鑑真が創建した講堂が起源の寺院である。

[49]　① 後漢の洛陽

　　　　② 17資産全体で奈良時代の歴史と文化を物語っている

　　　　③ 藤原氏

　　　　④ 興福寺

・下線部 (e)「大学」に関し、『メキシコ国立自治大学 (UNAM) の中央大学都市キャンパス』に関する次の文中の空欄に当てはまる語句として、正しいものはどれか。 〈1点〉

『メキシコ国立自治大学 (UNAM) の中央大学都市キャンパス』では、60名を超える建築家や芸術家の協力のもと、大学施設に加え博物館や映画館、スーパー、ラジオ局まで含む、都市機能をもった巨大キャンパスが完成した。そのデザインはメキシコの (　　　) とも関係している。

[50]　① アーツ・アンド・クラフツ運動

　　　　② 壁画運動

　　　　③ モダニズム

　　　　④ 空間主義

・下線部(f)「京都」に関し、『古都京都の文化財』の説明として、正しいものはどれか。　〈1点〉

[51]　① 京都は元明天皇が遷都を行って以来、およそ1,000年にわたり、日本の首都として繁栄した
　　　　② 災害や戦災で焼失後に再建されたものは含まれていない
　　　　③ 構成資産は、全て京都の歴史に関連する寺院である
　　　　④ 京都府以外に位置する「延暦寺」も含まれる

・下線部(g)「独立」に関し、『インドの山岳鉄道群』で用いられた鉄道技術は、インド独立後、国内の鉄道事業を大きく発展させた。この遺産の構成資産として、正しいものはどれか。　〈1点〉

[52]　① ウェストハイランド鉄道
　　　　② ダージリン・ヒマラヤ鉄道
　　　　③ レーティッシュ鉄道
　　　　④ ゼメリング鉄道

▶都市計画に関する以下の問いに答えなさい。

・『ル・アーヴル：オーギュスト・ペレにより再建された街』に関する次の文中の空欄に当てはまる語句として、正しいものはどれか。　〈2点〉

> この都市は第二次世界大戦の（　　　　）で街の約8割が破壊されたが、1945～1964年にかけて、最新の建築素材と技術を駆使し、焼失を免れた歴史的建造物や街並を活かしつつ再建された。

[53]　① ノルトヴィント作戦　　② マスコット作戦
　　　　③ ノルマンディー上陸作戦　④ カレンダー作戦

・『アスマラ：アフリカのモダニズム都市』の保有国として、正しいものはどれか。　〈2点〉

[54]　① ラトビア共和国
　　　　② マリ共和国
　　　　③ エリトリア国
　　　　④ ブルキナファソ

・『ラジャスタン州のジャイプール市街』に関し、1727年にジャイプールを築いた人物として、正しいものはどれか。　〈2点〉

[55]　① ルイ・ドゥ・フォワ
　　　　② フリードリヒ2世
　　　　③ バーナード・ラヴェル
　　　　④ サワーイー・ジャイ・シング2世

・次の3つの説明文から推測される世界遺産として、正しいものはどれか。　〈2点〉
　　― 現地を知らない役人がロンドンの机上で都市計画をつくり上げた
　　― ヴィクトリア朝建築の要素が見られる
　　― 格子状の道路と均一な道幅が特徴である
[56]　① ルーネンバーグの旧市街
　　　　② アッコの旧市街
　　　　③ ザモシチの旧市街
　　　　④ ボトシの市街

▶河川・運河に関する以下の問いに答えなさい。

・庄川流域に位置する『白川郷・五箇山の合掌造り集落』の説明として、正しいものはどれか。
　　　　　　　　　　　　　　　　　　　　　　　　　　　　　　　　　　　　　　　〈2点〉
[57]　① 大集落、中集落、小集落といった規模の異なる3つの集落が登録されている
　　　　② 合掌造り家屋の部材の結合には、通常よりも大きな釘が使用されている
　　　　③ 稲作が盛んな地域であるため、多くの米を収蔵する必要から大型の家屋が発展した
　　　　④ 合掌造り家屋は、全て屋根がある側に入口をもつ平入りの家屋である

・ナイセ川の両岸に広がる『ムスカウ公園/ムジャクフ公園』の説明として、正しいものはどれか。
　　　　　　　　　　　　　　　　　　　　　　　　　　　　　　　　　　　　　　　〈1点〉
[58]　① 先住民の聖地として、長年にわたって守られてきた
　　　　② 第一次世界大戦後に国境で分断された
　　　　③ ドイツ連邦共和国とポーランド共和国の2国が保有するトランスバウンダリー・サイト
　　　　　である
　　　　④ シトー会の指導のもと、11世紀からワイン生産が続いている

・『イエス洗礼の地「ヨルダン川対岸のベタニア」(アル・マグタス)』に関し、イエスを洗礼したと考
えられている人物として、正しいものはどれか。　　　　　　　　　　　　　　　　〈1点〉
[59]　① 大ヤコブ　　　② マタイ　　　③ ペテロ　　　④ ヨハネ

・オカバンゴ川が独自の生態系と景観を生み出している『オカバンゴ・デルタ』の説明として、正し
いものはどれか。　　　　　　　　　　　　　　　　　　　　　　　　　　　　　　〈2点〉
[60]　① アフリカ大陸最大の内陸デルタ地帯である
　　　　② ジンバブエ共和国の自然遺産である
　　　　③ ルワンダ内戦で発生した大量の難民の流入により環境が悪化した
　　　　④ モモイロペリカンなど多種多様な鳥の休息地となっている

1・2級

解 答・正 答 率

問題番号	解答	正答率	得点	問題番号	解答	正答率	得点	問題番号	解答	正答率	得点
[1]	②	69.9%	3点	[32]	①	38.4%	3点	[63]	②	85.1%	3点
[2]	④	54.9%	3点	[33]	④	34.0%	2点	[64]	③	53.5%	2点
[3]	①	91.2%	2点	[34]	①	67.6%	2点	[65]	①	51.5%	2点
[4]	②	67.8%	2点	[35]	②	35.3%	2点	[66]	②	29.9%	2点
[5]	③	91.8%	2点	[36]	③	52.4%	2点	[67]	④	65.2%	2点
[6]	④	35.6%	2点	[37]	②	21.4%	2点	[68]	④	62.3%	2点
[7]	③	77.4%	2点	[38]	①	80.1%	3点	[69]	①	91.3%	2点
[8]	①	63.8%	3点	[39]	④	61.6%	3点	[70]	③	54.7%	2点
[9]	③	58.5%	2点	[40]	②	81.6%	2点	[71]	②	62.6%	2点
[10]	③	64.7%	2点	[41]	③	46.4%	2点	[72]	④	62.0%	2点
[11]	④	49.7%	3点	[42]	②	43.8%	2点	[73]	①	14.6%	2点
[12]	①	92.2%	2点	[43]	④	45.4%	3点	[74]	③	88.6%	2点
[13]	③	78.1%	2点	[44]	②	78.9%	2点	[75]	②	82.8%	2点
[14]	②	56.5%	2点	[45]	①	80.5%	2点	[76]	③	37.1%	2点
[15]	④	53.0%	3点	[46]	③	83.9%	2点	[77]	④	21.6%	3点
[16]	①	83.4%	3点	[47]	②	70.4%	2点	[78]	②	82.1%	2点
[17]	②	70.7%	3点	[48]	③	85.0%	2点	[79]	①	75.5%	2点
[18]	③	72.6%	2点	[49]	①	76.0%	2点	[80]	③	23.4%	3点
[19]	③	68.5%	3点	[50]	③	81.9%	2点	[81]	③	55.9%	2点
[20]	①	33.9%	2点	[51]	④	36.2%	3点	[82]	①	63.4%	2点
[21]	③	95.1%	2点	[52]	①	46.0%	2点	[83]	④	81.3%	2点
[22]	②	39.2%	2点	[53]	②	53.3%	2点	[84]	③	84.0%	3点
[23]	④	48.6%	2点	[54]	③	28.9%	2点	[85]	②	53.5%	3点
[24]	③	13.1%	2点	[55]	②	46.4%	3点	[86]	①	79.3%	2点
[25]	①	83.4%	2点	[56]	②	87.1%	2点	[87]	③	67.0%	2点
[26]	②	74.2%	2点	[57]	②	52.6%	2点	[88]	④	66.4%	2点
[27]	③	87.1%	2点	[58]	④	72.3%	2点	[89]	④	44.2%	2点
[28]	④	60.5%	2点	[59]	①	79.9%	2点	[90]	②	54.9%	2点
[29]	②	62.8%	2点	[60]	④	67.8%	2点				
[30]	④	67.3%	2点	[61]	③	45.4%	3点				
[31]	③	38.4%	2点	[62]	①	75.7%	2点				

平均点	**122.4点**

問題番号	解答	正答率	得点
[1]	②	94.6%	2点
[2]	④	79.7%	2点
[3]	②	89.0%	2点
[4]	②	87.1%	2点
[5]	④	63.4%	2点
[6]	④	97.5%	2点
[7]	③	53.3%	2点
[8]	②	69.9%	2点
[9]	②	79.8%	2点
[10]	④	49.9%	2点
[11]	①	36.2%	2点
[12]	③	34.3%	2点
[13]	②	78.6%	2点
[14]	③	91.2%	2点
[15]	②	84.2%	3点
[16]	③	82.6%	2点
[17]	④	47.7%	2点
[18]	③	33.2%	3点
[19]	②	40.4%	2点
[20]	①	61.2%	3点
[21]	④	62.8%	2点
[22]	③	39.1%	2点
[23]	①	68.5%	2点
[24]	③	42.5%	2点
[25]	①	77.4%	3点
[26]	④	57.5%	2点
[27]	②	50.9%	2点
[28]	③	50.9%	2点
[29]	③	96.6%	2点
[30]	①	89.0%	3点
[31]	③	81.5%	2点

問題番号	解答	正答率	得点
[32]	④	41.4%	3点
[33]	①	61.0%	2点
[34]	④	98.6%	2点
[35]	②	39.7%	2点
[36]	③	65.1%	2点
[37]	③	69.0%	2点
[38]	①	83.2%	2点
[39]	①	42.4%	3点
[40]	④	52.3%	2点
[41]	①	44.4%	2点
[42]	③	74.3%	3点
[43]	③	82.5%	3点
[44]	①	60.4%	2点
[45]	③	80.5%	2点
[46]	②	65.6%	2点
[47]	④	39.1%	3点
[48]	③	69.6%	2点
[49]	②	44.5%	2点
[50]	②	71.1%	2点
[51]	①	52.5%	3点
[52]	④	84.0%	2点
[53]	③	52.2%	2点
[54]	①	23.7%	2点
[55]	③	36.1%	3点
[56]	③	51.6%	3点
[57]	②	82.1%	3点
[58]	④	84.4%	2点
[59]	①	59.6%	3点
[60]	②	68.7%	3点
[61]	③	72.6%	2点
[62]	①	36.8%	2点

問題番号	解答	正答率	得点
[63]	④	87.3%	2点
[64]	③	12.1%	2点
[65]	③	100%	3点
[66]	②	96.7%	2点
[67]	①	61.3%	2点
[68]	④	39.6%	2点
[69]	③	41.6%	2点
[70]	②	39.2%	2点
[71]	④	43.4%	3点
[72]	③	89.0%	2点
[73]	②	43.4%	2点
[74]	③	85.6%	2点
[75]	③	13.5%	2点
[76]	④	40.6%	2点
[77]	①	78.7%	2点
[78]	②	89.3%	2点
[79]	③	35.6%	2点
[80]	②	58.0%	2点
[81]	③	35.6%	2点
[82]	②	86.9%	2点
[83]	④	81.1%	2点
[84]	①	50.6%	2点
[85]	①	55.2%	2点
[86]	④	39.0%	3点
[87]	①	33.0%	2点
[88]	②	64.4%	3点
[89]	④	82.5%	2点
[90]	①	76.8%	2点

平均点	**124.6点**

問題番号	解答	正答率	得点
[1]	④	81.0%	2点
[2]	③	67.3%	2点
[3]	④	86.9%	1点
[4]	②	95.7%	2点
[5]	④	76.4%	2点
[6]	①	56.7%	2点
[7]	③	55.4%	1点
[8]	③	60.0%	2点
[9]	②	91.0%	2点
[10]	②	58.6%	2点
[11]	④	82.9%	2点
[12]	④	31.1%	2点
[13]	③	70.5%	2点
[14]	④	72.2%	2点
[15]	④	95.3%	1点
[16]	④	57.0%	1点
[17]	②	45.8%	1点
[18]	④	53.7%	1点
[19]	③	49.9%	1点
[20]	①	77.0%	1点
[21]	③	66.5%	1点
[22]	③	65.7%	1点
[23]	③	71.7%	1点
[24]	①	85.8%	2点
[25]	②	53.6%	2点
[26]	①	62.9%	2点
[27]	①	76.3%	2点
[28]	③	60.5%	2点
[29]	④	70.4%	2点
[30]	②	69.2%	2点
[31]	④	69.0%	2点

問題番号	解答	正答率	得点
[32]	①	75.3%	2点
[33]	③	50.2%	2点
[34]	①	42.9%	2点
[35]	③	92.0%	1点
[36]	④	53.3%	2点
[37]	④	48.0%	1点
[38]	①	60.5%	2点
[39]	②	48.8%	1点
[40]	③	57.6%	2点
[41]	②	41.1%	2点
[42]	①	60.6%	2点
[43]	①	91.8%	2点
[44]	④	65.1%	2点
[45]	②	54.9%	2点
[46]	①	84.8%	1点
[47]	①	74.5%	1点
[48]	②	86.3%	1点
[49]	③	66.9%	2点
[50]	①	40.0%	2点
[51]	③	64.1%	2点
[52]	④	38.7%	2点
[53]	③	44.0%	2点
[54]	①	29.3%	2点
[55]	③	83.5%	2点
[56]	①	79.0%	2点
[57]	①	91.0%	1点
[58]	③	58.7%	1点
[59]	④	84.0%	1点
[60]	②	35.8%	2点

平均点	**64.5点**

問題番号	解答	正答率	得点
[1]	④	73.6%	2点
[2]	②	86.2%	2点
[3]	③	77.4%	1点
[4]	①	70.7%	2点
[5]	④	81.6%	2点
[6]	④	80.8%	2点
[7]	①	83.2%	2点
[8]	③	81.0%	2点
[9]	④	84.2%	2点
[10]	③	63.8%	2点
[11]	③	60.3%	1点
[12]	③	63.9%	1点
[13]	④	71.9%	2点
[14]	④	43.2%	1点
[15]	②	68.6%	2点
[16]	①	59.3%	2点
[17]	②	57.3%	2点
[18]	①	36.8%	2点
[19]	③	76.3%	1点
[20]	①	71.2%	1点
[21]	①	73.9%	2点
[22]	④	90.3%	1点
[23]	③	59.0%	1点
[24]	①	44.9%	2点
[25]	④	66.1%	2点
[26]	③	57.5%	2点
[27]	③	60.1%	2点
[28]	②	69.5%	2点
[29]	④	43.5%	2点
[30]	①	46.9%	2点
[31]	②	39.2%	2点

問題番号	解答	正答率	得点
[32]	③	67.4%	1点
[33]	①	43.4%	1点
[34]	④	72.9%	2点
[35]	①	52.1%	1点
[36]	③	52.1%	1点
[37]	④	29.8%	1点
[38]	②	86.3%	2点
[39]	③	57.7%	2点
[40]	①	37.3%	2点
[41]	④	62.4%	2点
[42]	④	82.5%	2点
[43]	②	61.3%	2点
[44]	④	44.6%	2点
[45]	③	57.1%	2点
[46]	④	47.4%	1点
[47]	②	57.0%	2点
[48]	①	72.6%	2点
[49]	④	43.8%	1点
[50]	③	27.7%	2点
[51]	②	60.8%	2点
[52]	①	53.9%	2点
[53]	①	56.8%	1点
[54]	④	68.5%	2点
[55]	②	74.7%	1点
[56]	①	73.6%	1点
[57]	④	39.9%	1点
[58]	②	38.7%	1点
[59]	④	76.3%	2点
[60]	③	52.0%	2点

平均点	**62.3点**

問題番号	解答	正答率	得点
[1]	③	92.6%	2点
[2]	③	84.0%	2点
[3]	②	50.1%	2点
[4]	④	41.9%	2点
[5]	①	75.3%	1点
[6]	④	87.0%	2点
[7]	②	82.7%	2点
[8]	③	82.6%	2点
[9]	③	39.2%	2点
[10]	④	47.1%	2点
[11]	①	82.9%	2点
[12]	①	64.3%	2点
[13]	④	78.2%	2点
[14]	④	70.7%	2点
[15]	③	42.4%	2点
[16]	②	77.8%	1点
[17]	④	79.4%	2点
[18]	①	75.6%	1点
[19]	④	57.9%	1点
[20]	②	52.5%	2点
[21]	①	83.4%	1点
[22]	①	52.0%	2点
[23]	②	88.1%	1点
[24]	③	64.8%	1点
[25]	④	53.7%	1点
[26]	④	54.6%	1点
[27]	①	77.8%	2点
[28]	③	61.6%	1点
[29]	①	30.5%	2点
[30]	②	54.3%	2点
[31]	②	53.5%	2点

問題番号	解答	正答率	得点
[32]	④	57.0%	2点
[33]	④	54.3%	2点
[34]	②	76.8%	1点
[35]	③	80.3%	1点
[36]	①	93.6%	2点
[37]	③	56.9%	2点
[38]	①	78.9%	1点
[39]	④	86.7%	2点
[40]	③	84.2%	1点
[41]	①	62.7%	2点
[42]	④	45.7%	2点
[43]	④	76.7%	1点
[44]	①	57.4%	2点
[45]	③	48.6%	2点
[46]	③	39.9%	2点
[47]	④	77.4%	2点
[48]	②	48.0%	2点
[49]	③	60.7%	2点
[50]	②	54.2%	1点
[51]	④	80.3%	1点
[52]	②	90.4%	1点
[53]	③	79.8%	2点
[54]	③	24.8%	2点
[55]	④	58.9%	2点
[56]	①	68.3%	2点
[57]	①	62.9%	2点
[58]	③	64.5%	1点
[59]	④	62.8%	1点
[60]	①	50.6%	2点

平均点	64.0点

例 題

1・2級

◆世界遺産検定1級 例題

・世界遺産条約に関する、以下の文中の空欄（ A ）、（ B ）に入る語句の組み合わせとして、正しいものはどれか。

> 世界遺産条約の概念は、グローバル・ストラテジーの強化や、遺産の周辺景観も含む（ A ）する施策、世界遺産周辺での開発計画等の影響を緩衝地帯（バッファー・ゾーン）を越える一帯を含めて評価する（ B ）など、常に変化してきている。

［ 1 ］　① A.「面」で保護 ― B. 遺産影響評価
　　　　② A.「面」で保護 ― B. 生物圏影響評価
　　　　③ A.「点」で保護 ― B. 遺産影響評価
　　　　④ A.「点」で保護 ― B. 生物圏影響評価

・世界遺産委員会を取り巻く状況について、正しくないものはどれか。

> 近年、（① アメリカ合衆国）のユネスコ脱退などの影響から、世界遺産関連の財政状況が悪化している。そこで財政不足を補うため、（② 2022年）の世界遺産委員会での審議を目指して推薦される遺産から、（③ 推薦書を提出する国）が審査に係る費用を（④ 強制的に負担する）仕組みが決定した。

［ 2 ］　① アメリカ合衆国
　　　　② 2022年
　　　　③ 推薦書を提出する国
　　　　④ 強制的に負担する

・『古都京都の文化財』の構成資産のうち、鎌倉時代の住宅的な建築様式を伝える寺院として、正しいものはどれか。

［ 3 ］　① 西芳寺　　② 天龍寺
　　　　③ 高山寺　　④ 醍醐寺

・『白川郷・五箇山の合掌造り集落』に関する以下の文中の空欄に当てはまる語句として、正しいものはどれか。

> 日本有数の豪雪地帯であり、隔絶された環境に暮らす住民は、13世紀に白川郷を中心に広まった（　　　）の思想のもと、相互扶助組織である「結」など、この地域独自の社会制度を生み出した。

[4]　① 臨済宗　　② 浄土真宗　　③ 日蓮宗　　④ 法相宗

❶
・
❷
級
例
題

・リビアのローマ遺跡『レプティス・マグナの考古遺跡』の説明として、正しくないものはどれか。

[5]　① 紀元前10世紀にフェニキア人によって築かれた都市の遺跡である
　　　② アケメネス朝ペルシアへの勝利を記念した凱旋門が残っている
　　　③ ローマ皇帝セプティミウス・セウェルスの出身地である
　　　④ 世界遺産登録後、2度洪水に見舞われており保護・復旧作業が進められている

・バ レーン北部の「カルアトル・バーレーン（バーレーン要塞）」を含む遺産に関する、以下の文中の空欄に当てはまる語句として、正しいものはどれか（2つの空欄には同じ語句が入る）。

> 「カルアトル・バーレーン」は、紀元前26世紀頃から紀元前8世紀初頭まで、メソポタミア文明とインダス文明を結ぶ交易の要衝として繁栄した（　　　）文明の中心地であった。一時この地域を支配していたポルトガルの城塞跡が残るなど、かつては港湾都市として栄えていたと考えられている。多様な文化の交差地であった点などが評価され、『カルアトル・バーレーン：古代の港と（　　　）の都』として世界遺産に登録された。

[6]　① ディルムン　　② リュキア
　　　③ ナバテア　　④ ムスティエ

・次の3つの説明文から推測される世界遺産として、正しいものはどれか。

　　― カナダ西部のアンソニー島にある先住民のハイダ族の集落跡
　　― ニンスティンツと呼ばれる村の跡や貝塚、洞窟が残る
　　― 精霊や伝説上の人物、動物などを彫刻したトーテムポールが残る

[7]　① タオス・プエブロ
　　　② ピマチオウィン・アキ
　　　③ スカン・グアイ
　　　④ ケブラーダ・デ・ウマウアカ

・ロシアの自然遺産『ウランゲリ島保護区の自然生態系』の説明として、正しくないものはどれか。

[8]　① 北極圏にありながら氷河期にも凍結しなかったため独自の生態系が育まれた

② 世界中からのプラスチックごみの漂着が問題となっている

③ ホッキョクグマが世界一の密度で生息している

④ メキシコからくるコククジラの餌場となっている

・『スレバルナ自然保護区』の説明として、正しいものはどれか。

[9]　① ブルガリアとルーマニアの国境線をまたいで広がる、ヨーロッパ最大の森林地帯であり、野生では絶滅したヨーロッパバイソンなどが生息する

② ドナウ川河口付近に広がるヨーロッパ最大の湿地帯があり、ハイイロペリカンなどの渡り鳥の繁殖地となっている

③ ブルガリア最大の自然公園で、ブルガリアで絶滅の危機にある植物の2割以上が生育している

④ 「銀の湖」と呼ばれる湖を中心に、ブルガリアに生息するほぼ全種の鳥類がみられる湿原地帯である

・2021年の世界遺産委員会で登録された『ヨーロッパの大温泉都市群』は、18世紀初頭から1930年代にかけてヨーロッパで発展した温泉文化がみられるトランスバウンダリー・サイトである。遺産保有国の7ヵ国に含まれないものは次のどれか。

[10]　① ハンガリー

② オーストリア共和国

③ チェコ共和国

④ 英国

◆世界遺産検定2級 例題

・世界遺産条約に関連する出来事を起こった順番に並べたものとして、正しいものはどれか。

  A. ユネスコの世界遺産センター設立
  B. ハーグ条約採択
  C. IUCN設立

[1] ① A ⇒ B ⇒ C
   ② B ⇒ C ⇒ A
   ③ C ⇒ B ⇒ A
   ④ A ⇒ C ⇒ B

・登録基準(ⅷ)の説明として、正しいものはどれか。

[2] ① 地球の歴史の主要段階を証明する遺産
   ② 動植物の進化や発展の過程、独自の生態
    系を示す遺産
   ③ 絶滅危惧種の生息域で、生物多様性を示
    す遺産
   ④ 自然美や景観美、独特な自然現象を示す
    遺産

・『長崎と天草地方の潜伏キリシタン関連遺産』に関する、以下の文中の空欄（ A ）、（ B ）に
入る語句の組み合わせとして、正しいものはどれか。

> 『長崎と天草地方の潜伏キリシタン関連遺産』は日本の遺産としては初めて（ A ）とア
> ドバイザー契約を結び、推薦書の作成を行った。これにより（ B ）を中心とした構成資
> 産に改められ、遺産名も変更された。

[3] ① A.ICOMOS ― B.集落
   ② A.ICOMOS ― B.教会
   ③ A.世界遺産委員会 ― B.集落
   ④ A.世界遺産委員会 ― B.教会

・『屋久島』に関し、主に標高1,800m以上の高山帯に植生する植物として、<u>正しくないもの</u>はどれか。

[4]　① ヤクシマダケ
　　　　② ミヤマビャクシン
　　　　③ ヤクシマシャクナゲ
　　　　④ アコウ

・次の3つの説明文から推測される世界遺産として、正しいものはどれか。

　　　― 紀元前6世紀頃から発展したシルク・ロードのオアシス都市
　　　― 12世紀頃にセルジューク朝の首都となる
　　　― イスラム教、ゾロアスター教、キリスト教などの宗教遺構のほか、世界最西端とされる仏教遺
　　　　跡が現存する

[5]　① バムとその文化的景観
　　　　② 国立歴史文化公園"メルヴ"
　　　　③ 円形都市ハトラ
　　　　④ バーミヤン渓谷の文化的景観と古代遺跡群

・『ラパ・ニュイ国立公園』の地図上の位置として、正しいものはどれか。

[6]

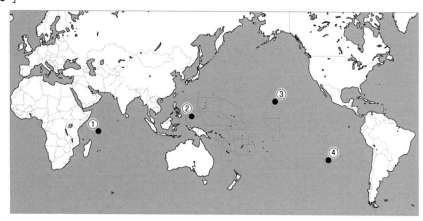

・『エチミアジンの大聖堂と教会群、およびズヴァルトノツの考古遺跡』の説明として、正しいものはどれか。

[7]　① 十二使徒のひとりである聖ヨハネが『新約聖書』の黙示録を記したとされる
　　　　② 10世紀に修道士イワン・リルスキーがこの地で隠遁生活を行った
　　　　③ 301年に世界で初めてキリスト教を国教にしたことで、アルメニア正教会初の大主教座が置かれた
　　　　④ イエス・キリストの磔刑でイエスの死を確認した聖槍の一部が発見された

・『スリランカ中央高地』に含まれる山岳森林帯として、正しくないものはどれか。

[8]　① ホートン・プレインズ国立公園　　② パンタナル自然保護区
　　　　③ ピーク・ウィルダネス保護区　　　　④ ナックルズ森林保護区

・『ケープ植物区保護地域群』に関する以下の文中の空欄に当てはまる語句として、正しいものはどれか。

The property is located at the southwestern extremity of South Africa, recognized as one of the world's "hottest (　　　)" for its diversity of endemic and threatened plants.

[9]　① coldspots　　② hotspots
　　　　③ heat-spots　　④ multi-spots

・2021年の世界遺産委員会で登録された『奄美大島、徳之島、沖縄島北部及び西表島』に関する説明として、正しいものはどれか。

『小笠原諸島』以来(① 6番目)の自然遺産として登録された『奄美大島、徳之島、沖縄島北部及び西表島』は、(② 親潮)と亜熱帯性高気圧の影響を受けた温暖多湿な気候に属しており、大陸でオリジナルの種が絶滅した後も進化を続けた(③ 水平分布)などの例が見られる。アマミノクロウサギや(④ ヤンバルクイナ)など、希少な固有種が生息しており、登録基準(x)が認められた。

[10]　① 6番目　　② 親潮　　③ 水平分布　　④ ヤンバルクイナ

◆1・2級 例題 解答解説

1級

［ 1 ］ ① A.「面」で保護 ― B. 遺産影響評価
〈解説〉

1972年に採択された世界遺産条約は、2024年1月時点で195の国・地域が参加する世界最大規模の国際条約ですが、その概念は時代や世界遺産を取り巻く状況とともに常に変化しています。近年の世界遺産委員会では、遺産だけでなく周辺の景観も含んだ「『面』で保護する施策」や、世界遺産周辺の開発計画等の影響をバッファー・ゾーンを越える一帯を含めて評価する「遺産影響評価（Heritage Impact Assessment）」の実施などが求められています。

［ 2 ］ ④ 強制的に負担する
〈解説〉

審査に係る費用を、「強制的」ではなく「自発的」に負担することが決まりました。

2018年、ユネスコ分担金の最大拠出国だった「アメリカ合衆国」がユネスコを脱退し、分担金の拠出を停止しました。これに伴って世界遺産基金の財源も大幅に減少し、財政状況が悪化しています。財源不足を補うため、2019年の世界遺産委員会では、「自発的な財政貢献」が提案されました。これは「推薦書を提出する国」が、審査に係る費用を「自発的に負担する」仕組みで、「2022年」の世界遺産委員会での審議を目指して推薦される遺産から適用されることになりました。ただし、負担が厳しい国には、配慮がなされる予定です。

［ 3 ］ ③ 高山寺
〈解説〉

『古都京都の文化財』に含まれる、鎌倉時代の住宅的な建築様式を伝える寺院は、「高山寺」です。774年に創建された寺院が、1206年に明恵上人によって整備され、高山寺と改称しました。明恵上人の時代から唯一残る石水院は、庇を縋破風で処理するなど、鎌倉時代の建築様式が見られます。

「西芳寺」は行基開山と伝わる寺を、1339年に夢窓疎石が禅宗寺院として復興したものです。建物は焼失しましたが、庭園は地割と石組がすべて苔に覆われながら保持されており、通称「苔寺」として親しまれています。夢窓疎石作の庭園は、鹿苑寺や慈照寺など、後世の庭園に大きな影響を与えました。「天龍寺」は1255年に造営された離宮を、1339年に禅寺に改築したもので、夢窓疎石作の庭園が残っています。「醍醐寺」は9世紀後半から整備が始まりました。平安時代の寝殿造りの要素を取り入れた三宝院の庭園は、豊臣秀吉自ら設計を行ったと伝わっています。

［ 4 ］ ② 浄土真宗
〈解説〉

13世紀に白川郷を中心に広まったのは「浄土真宗」です。集落ごとに寺院や布教のための道場が設けられていきました。浄土真宗の思想は、日本有数の豪雪地帯で、隔絶された環境に暮らす人々の間に強い結束を育み、相互扶助組織「結」など地域独自の社会制度を生み出す土壌となりました。浄土真宗とは、鎌倉時代の僧親鸞を開祖とする仏教の一派で、室町時代に広まりました。阿

弥陀仏を信仰し、極楽浄土への往生を願う浄土思想を基にしています。

[5] ② アケメネス朝ペルシアへの勝利を記念した凱旋門が残っている

〈解説〉

リビアの『レプティス・マグナの考古遺跡』には、「パルティア王国」への勝利を記念し、198年に建てられた凱旋門が残っています。

レプティス・マグナは、紀元前10世紀にフェニキア人によって築かれた都市の遺跡です。前46年にローマの属州となり、2世紀初頭に正式なローマ植民市に昇格すると、北アフリカにおける商業中継地として発展しました。レプティスの街に生まれたセプティミウス・セウェルスが193年にローマ皇帝となり、最盛期を迎えました。セウェルス帝がパルティア王国との戦争の勝利を記念し建てた四面門の凱旋門や、大型の野外劇場など、多くの建物が築かれ、ローマに匹敵するといわれたほど壮大で整備されていた都市でした。イスラム勢力の侵略によって衰退し、1921年に発掘されるまで長年砂に埋もれていました。

1982年の世界遺産登録後、2度にわたる洪水の被害に見舞われているほか、沿岸地帯に位置するため海水の浸食が課題であり、保護・復旧作業が進められています。

[6] ① ディルムン

〈解説〉

バーレーン北部の「カルアトル・バーレーン（バーレーン要塞）」は、紀元前26世紀頃から紀元前8世紀初頭まで、メソポタミア文明とインダス文明を結ぶ交易の要衝として繁栄した「ディルムン」文明の中心地の遺跡です。ディルムン文明は、エジプト文明にも劣らないほど栄えていたと考えられています。世界遺産の登録名称は『カルアトル・バーレーン：古代の港とディルムンの都』です。

「リュキア」はトルコ南部、エーゲ海沿岸の一地方です。この地域には、かつて海洋民族であるリュキア人が築いた文明が存在しました。「ナバテア」は紀元前2～後1世紀頃に栄えた遊牧民族の名称で、ナバタイともいいます。ヨルダン南部の『隊商都市ペトラ』には、前2世紀頃にナバテア人によって建設された都市の遺跡が残っています。「ムスティエ」はヨーロッパのネアンデルタール人の石器文明のことです。名称は、石器が発見された南フランスのル・ムスティエと呼ばれる都市に由来します。イスラエルの『カルメル山の人類の進化を示す遺跡群：ナハル・メアロット／ワディ・エル・ムガラ洞窟』でその存在が証明されています。

[7] ③ スカン・グアイ

〈解説〉

『スカン・グアイ』は、カナダ西部の太平洋上に浮かぶハイダ・グアイ諸島の最南端にあり、先住民ハイダ族の集落跡が残っています。ハイダ族は2,000年以上前にこの島に住み始めたと考えられています。現在はニンスティンツと呼ばれる村の跡や貝塚、洞窟が残っています。32本の巨大なトーテムポールは、精霊や伝説上の人物、動物などを彫刻したもので、文字を持たない先住民の貴重な文化遺産です。

「タオス・プエブロ」はアメリカ合衆国、ニューメキシコ州北部に住む先住民です。住居は日干しレンガを積み上げ、泥で塗り固めた壁が特徴です。中でも14世紀半ばに建てられた家は、現在使用されているアメリカの家屋の中でも最古とされています。『タオス・プエブロの伝統的集落』として世界遺産に登録されています。「ピマチオウィン・アキ」はカナダ中部に位置する、川や湖、湿地、亜寒帯林からなる広大な自然地帯です。カナダ初の複合遺産となりましたが、文化と自然を別々に

評価する複合遺産に疑問が呈されるなど、遺産の在り方を問い直すきっかけとなりました。「ケブラーダ・デ・ウマウアカ」はアルゼンチン北西端、アンデス山脈にある渓谷です。交易路として重視された一帯には、先史時代の狩猟採集民の集落や、インカ帝国時代の要塞集落など様々な遺跡が残されています。

[8] ② 世界中からのプラスチックごみの漂着が問題となっている
〈解説〉

ロシアの最北東端に位置する『ウランゲリ島保護区の自然生態系』は、現時点で世界中からのプラスチックごみの漂着は問題となっていません。しかし、島から数百トンの金属くずやドラム缶などのごみが出ており、生態系への影響が懸念されています。

一帯は、北極圏にありながら氷河期にも凍結しなかったため、独自の生態系が育まれました。危急種のホッキョクグマが世界一の密度で生息しています。

[9] ④ 「銀の湖」と呼ばれる湖を中心に、ブルガリアに生息するほぼ全種の鳥類がみられる湿原地帯である
〈解説〉

『スレバルナ自然保護区』は、ブルガリア共和国の北東部にある湿原地帯です。「銀の湖」を意味する「スレバルナ湖」を中心に広がり、ブルガリアに生息するほぼ全種の鳥類が見られます。100種の鳥類をはじめ、哺乳類や両生類、爬虫類も多数生息しています。

「ヨーロッパ最大の森林地帯であり、野生では絶滅したヨーロッパバイソンなどが生息する」のは、ポーランドとベラルーシの間に広がる『ビャウォヴィエジャ森林保護区』です。動物園で飼育されていたヨーロッパバイソンの個体がこの地で繁殖しています。「ドナウ川河口付近に広がるヨーロッパ最大の湿地帯があり、ハイイロペリカンなどの渡り鳥の繁殖地となっている」のは、ルーマニアの『ドナウ・デルタ』です。中・東欧の10カ国2,860kmを流れるドナウ川は、黒海に注ぐ手前で3支流に分かれ、約5,470㎢の三角州を形成しています。300種にのぼる鳥類や、100種以上の魚類など多様な生物が生息しています。また、渡り鳥の貴重な繁殖地ともなっています。「ブルガリア最大の自然公園で、ブルガリアで絶滅の危機にある植物の2割以上が生育している」のは『ピリン国立公園』です。ブルガリア南西部に位置し、2,500m級の山々が60も連なるブルガリア最大の自然公園です。ブルガリアで絶滅の危機に瀕する植物の2割以上がみられます。

[10] ① ハンガリー
〈解説〉

温泉大国として知られる「ハンガリー」は、2021年の世界遺産委員会で登録された『ヨーロッパの大温泉都市群』の構成国に含まれていません。

『ヨーロッパの大温泉都市群』には、「オーストリア共和国」、「チェコ共和国」、「英国」、ベルギー王国、イタリア共和国、ドイツ連邦共和国、フランス共和国の7か国11都市が登録されています。構成資産の都市はいずれも温泉を中心に発展し、治療や娯楽、社会交流の場となりました。温泉施設には入浴用や飲用として温泉を活用できるよう、浴場や飲泉所、保養施設などがつくられています。医学や温泉療法、余暇活動の進歩に影響を与えた革新的な文化の伝播の例であるなどとして、世界遺産に登録されました。

2級

[1] ③ C ⇒ B ⇒ A

〈解説〉
　選択肢のA「ユネスコの世界遺産センター設立」は、1992年です。パリのユネスコ本部内に常設されており、世界遺産委員会の補佐として世界遺産委員会事務局を担っています。世界遺産リストへの登録推薦書の受理や、各専門機関への遺産調査の依頼などを役割としています。選択肢Bの「ハーグ条約採択」は、1954年です。正式名称を「武力紛争の際の文化財の保護に関する条約」といい、ユネスコ主導の下、オランダのハーグで採択されました。第二次世界大戦後に多くの遺産や文化財の被害に遭った各国が、戦争などの非常時に文化財を保護するための基本的な方針を定めたものです。選択肢のC「IUCN設立」は1948年です。「国際自然保護連合(International Union for Conservation of Nature)」の略称で、本部をスイスのグランに置く世界的な自然環境保護組織です。各国の政府機関やNGO、科学者などをメンバーとして設立されました。世界遺産センターからの依頼を受け、自然遺産の調査や審査なども行います。

[2] ① 地球の歴史の主要段階を証明する遺産

〈解説〉
　登録基準(viii)は、「地球の歴史の主要段階を証明する遺産」です。顕著な普遍的価値の評価基準は、世界遺産条約履行のための作業指針で定められています。登録基準(viii)は、作業指針には「生命の進化の記録や地形形成における重要な地質学的過程、または地形学的・自然地理学的特徴を含む、地球の歴史の主要段階を示す顕著な見本」と記載されています。
　「動植物の進化や発展の過程、独自の生態系を示す遺産」は登録基準(ix)、「絶滅危惧種の生息域で、生物多様性を示す遺産」は登録基準(x)、「自然美や景観美、独特な自然現象を示す遺産」は登録基準(vii)の内容です。いずれも自然遺産に認められる登録基準です。

[3] ① A.ICOMOS ― B.集落

〈解説〉
　『長崎と天草地方の潜伏キリシタン関連遺産』は推薦書の作成に際し、日本の遺産としては初めて、諮問機関のICOMOSとアドバイザー契約を結びました。遺産は当初、「教会」を構成資産の中心に据えており、遺産名も「長崎の教会群とキリスト教関連遺産」でした。しかしICOMOSのアドバイスを受け、「教会」中心の構成資産から、潜伏キリシタン達が生活をした「集落」へと変更され、遺産名も『長崎と天草地方の潜伏キリシタン関連遺産』となりました。

[4] ④ アコウ

〈解説〉
　『屋久島』に生育する「アコウ」は亜熱帯性の植物で、海岸から標高100mまでの地帯でみられます。『屋久島』は、東京23区ほどの限られた面積のなかで、海岸地帯から標高1,000m以上の高山地帯まで急激に標高が変化します。標高が上がるごとに、植生が変化する「植物の垂直分布」がみられ、日本列島の南北約2,000kmの範囲に対応する植生が凝縮されています。「ヤクシマダケ」、「ミヤマビャクシン」、「ヤクシマシャクナゲ」は、いずれも山頂付近の高山帯に生育しています。

[5] ② 国立歴史文化公園"メルヴ"

〈解説〉

　メルヴは、トルクメニスタンのカラクム砂漠に位置し、シルク・ロードのオアシス都市として紀元前6世紀頃から発展しました。12世紀頃にはセルジューク朝の首都として繁栄し、遺跡からはイスラム教、ゾロアスター教、キリスト教などの宗教遺構のほか、女神や動物を表現した土偶なども見つかっています。また、世界最西端とされる仏教遺跡が現存しており、仏塔や僧院跡が確認されています。

　「バムとその文化的景観」は、イラン南部にあるオアシス都市です。紀元前からの歴史があり、7〜11世紀頃に繁栄しました。アルゲ・バム（バム城塞）をさらに城塞が囲む三重構造をもつ要塞都市でした。2003年の大地震で甚大な被害を受け、緊急的登録推薦によって、世界遺産登録と同時に危機遺産として登録されました。2013年に危機遺産リストから脱しています。イラク北部に位置する「円形都市ハトラ」は、パルティア王国時代の軍事都市です。二重の円形城壁によって都市が囲まれており、ローマ軍の侵略に対する国防の要でした。2014年頃から過激派組織IS（イスラム国）によって一帯が占拠され、翌年に遺跡が破壊されました。不安定な政情も鑑み、危機遺産リストに記載されています。「バーミヤン渓谷の文化的景観と古代遺跡群」は、アフガニスタン北東部に位置する遺産です。1〜13世紀頃に築かれた、約1,000もの石窟遺跡が点在しています。交易の要衝として栄えたバーミヤンは、固有の芸術や宗教が周辺各地の文化と融合し、ガンダーラ美術へと変遷する様子がうかがえます。2001年にタリバン政権によって2体の巨大な摩崖仏が爆破され、石窟内の壁画も8割が焼失しました。2003年に世界遺産に緊急登録され、同時に危機遺産リストに記載されました。

[6] ④

〈解説〉

　『ラパ・ニュイ国立公園』は、チリ共和国の海岸から西へ約3,700kmに位置する島です。この島には、凝灰岩を削ってつくられたモアイ像約900体が残っています。10世紀頃、ポリネシア系の長耳族がモアイをつくり始めたといわれています。南米から短耳族が移住してくると、以前は5〜7mだったモアイ像が、10mを超える巨大なものも制作されるようになりました。16世紀頃には、人口増などによる食糧難から部族間で争いが起こり、互いに相手のモアイを倒す「フリ・モアイ」が行われました。18世紀に島の権力が貴族階級から戦士階級に移ると、モアイ像は建造されなくなりました。

[7] ③ 301年に世界で初めてキリスト教を国教にしたことで、アルメニア正教会初の大主教座が置かれた

〈解説〉

　『エチミアジンの大聖堂と教会群、およびズヴァルトノツの考古遺跡』は、アルメニア西部のエチミアジンの一帯に位置しています。アルメニアは世界で初めてキリスト教を国教とした国で、301年、アルメニア正教会初の大主教座がエチミアジンに置かれました。主教座の設置に伴い、主教座聖堂が建設され、5〜7世紀には中央にドーム天井をもつギリシャ十字形プランの初期ビザンツ様式に改修されました。周辺にはビザンツ様式の影響がみられる教会が、郊外には7世紀建立の聖堂跡や王宮跡などが残っています。

[8] ② パンタナル自然保護区

〈解説〉

　「パンタナル自然保護区」はブラジル連邦共和国の自然遺産です。ブラジルとボリビア、パラグアイの3ヵ国にまたがるパンタナル湿原は、世界最大の淡水湿地です。世界遺産にはブラジル部分のみ登録されています。雨季に起こる洪水や浸水によって養分が行きわたった一帯は、水鳥をはじめとする多くの動物の生息地となっています。

　『スリランカ中央高地』は、スリランカ民主社会主義共和国にある山岳森林帯です。海抜2,500mに位置し、太古の自然環境のような世界的にも稀少な山地雨林が広がっています。「ホートン・プレインズ国立公園」、「ピーク・ウィルダネス保護区」、「ナックルズ森林保護区」の3つの山岳森林帯から構成されています。霊長類のニシカオムラサキラングールをはじめ、ホートンプレインズホソロリス、スリランカヒョウといった絶滅危惧種や固有種が生息し、豊かな生態系が維持されています。

[9] ② hotspots

〈解説〉

　『ケープ植物区保護地域群』はアフリカ大陸南端部、南アフリカ共和国のケープ半島に位置しています。英文を日本語に訳すと、「資産は南アフリカの南西端に位置しており、固有の、また絶滅の危機に瀕した植物の多様性から世界で「最高のホットスポット」のひとつとみなされている」という意味になります。ホットスポットとは、高い生物多様性を示す地域のことで、選択肢②の"hotspots"が適切です。

　13の保護区からなる『ケープ植物区保護地域群』は、アフリカ大陸全体から見れば0.5%以下の面積ですが、一帯にはアフリカの植物の約20%にあたる約9,000種が確認されており、うち69%が固有種という非常に高い生物多様性を示しています。特にフィンボスと呼ばれる灌木植生地域は、植物区の面積の半分を占めています。

　地中海性気候に属する一帯は、乾燥した夏季に山火事が起こりやすい傾向にあります。フィンボスの植物は、高温のもとで初めて発芽したり、種子の散布を行ったりするなど、山火事に適応した極めて稀な特性を持っています。

[10] ④ ヤンバルクイナ

〈解説〉

　2021年の世界遺産委員会で登録された『奄美大島、徳之島、沖縄島北部及び西表島』には、アマミノクロウサギや「ヤンバルクイナ」、イリオモテヤマネコなど稀少な固有種が生息しています。

　遺産は、琉球列島のうち、中琉球の奄美大島と徳之島、沖縄島と、南琉球の西表島の4島にまたがる地域で構成されています。『小笠原諸島』以来、5番目の自然遺産として登録されました。黒潮と亜熱帯性高気圧の影響を受けた、温暖多湿な気候に属し、常緑広葉樹多雨林に覆われています。かつて大陸と陸続きだった一帯には、大陸でオリジナルの種が絶滅した後も進化を続けた遺存固有種や、独自の進化を遂げた種の例が多く見られます。また、中琉球と南琉球では、種分化や固有化のパターンが異なっています。絶滅危惧種や固有種の高い割合を誇り、多くの種が生息する生物多様性が評価され、『知床』に次ぎ登録基準(x)が認められました。

世界遺産検定
公式過去問題集

1・2級 〔2024年度版〕

監修
NPO法人 世界遺産アカデミー

著作者
世界遺産検定事務局

編集協力
株式会社　シナップス

写真協力
小泉澄夫
宮澤光
iStockphoto　ほか

発行者
愛知和男（NPO法人 世界遺産アカデミー会長）

発行所
NPO法人 世界遺産アカデミー／世界遺産検定事務局
〒101-0003
東京都千代田区一ツ橋2-6-3　一ツ橋ビル2F
TEL：0120-804-302
電子メール：sekaken@wha.or.jp

発売元
株式会社 マイナビ出版

〒101-0003
東京都千代田区一ツ橋2-6-3　一ツ橋ビル2F
TEL：0480-38-6872（注文専用ダイヤル）
TEL：03-3556-2731（販売）
URL：https://book.mynavi.jp

装丁・本文デザイン
金岡直樹（SLOW.inc）

DTP
株式会社 シーアンドシー

印刷・製本
株式会社 加藤文明社

本書の解説書、ワークブック、問題集ならびにこれに類するものの無断発行を禁ずる。
© 2024 NPO World Heritage Academy / Bureau for the Test of World Heritage Study. All rights reserved. Printed in Japan.
ISBN：978-4-8399-8593-6

● 定価はカバーに記載してあります。
● 乱丁、落丁本はお取替えいたします。
　 乱丁・落丁のお問い合わせは　TEL：0480-38-6872（注文専用ダイヤル）
　 電子メール：sas@mynavi.jp までお願いいたします。
● 本書は著作権法上の保護を受けています。本書の一部あるいは全部について、
　 著者、発行者の許諾を得ずに、無断で複写、複製することは禁じられています。